Sunil Kumar Mahla

Utilização de biodiesel de algodão em motor de combustão interna

Sunil Kumar Mahla

Utilização de biodiesel de algodão em motor de combustão interna

ScienciaScripts

Imprint

Any brand names and product names mentioned in this book are subject to trademark, brand or patent protection and are trademarks or registered trademarks of their respective holders. The use of brand names, product names, common names, trade names, product descriptions etc. even without a particular marking in this work is in no way to be construed to mean that such names may be regarded as unrestricted in respect of trademark and brand protection legislation and could thus be used by anyone.

Cover image: www.ingimage.com

This book is a translation from the original published under ISBN 978-620-2-30433-7.

Publisher:
Sciencia Scripts
is a trademark of
Dodo Books Indian Ocean Ltd. and OmniScriptum S.R.L publishing group

120 High Road, East Finchley, London, N2 9ED, United Kingdom
Str. Armeneasca 28/1, office 1, Chisinau MD-2012, Republic of Moldova, Europe
Printed at: see last page
ISBN: 978-620-7-63060-8

Resumo

Na Índia, existe um interesse crescente na procura de combustíveis alternativos adequados que sejam amigos do ambiente. As preocupações ambientais e os recursos petrolíferos limitados alimentaram o interesse no desenvolvimento de combustíveis alternativos para motores de combustão interna. Como alternativa, o biodiesel biodegradável, renovável e sem enxofre está a atrair cada vez mais atenção. A utilização de biodiesel está a aumentar rapidamente em todo o mundo, pelo que é essencial uma compreensão abrangente dos efeitos do biodiesel no processo de combustão dos motores diesel e na formação de poluentes. O biodiesel é conhecido como um éster monoalquílico de ácidos gordos de cadeia longa derivado de matérias-primas renováveis, como óleos vegetais ou gorduras animais, e utilizado em motores de ignição por compressão. Por conseguinte, na primeira fase deste estudo, foram investigados vários parâmetros para a otimização da produção de biodiesel, enquanto na fase seguinte do estudo foram realizados ensaios de desempenho de um motor diesel com combustível diesel puro e misturas de biodiesel. O biodiesel foi produzido através do conhecido processo de transesterificação. O óleo residual de algodão foi selecionado para a produção de biodiesel. Os resultados da transesterificação mostraram que a produção de biodiesel variava com a variação do catalisador e do metanol. Foi produzido um máximo de 76 % de biodiesel com 20 % de metanol na presença de 1,0 % de KOH. Os resultados dos ensaios de motor mostraram que, das três misturas diferentes de biodiesel (B10, B15 e B20), a mistura de biodiesel

B10 apresentou as características de desempenho mais elevadas em termos de potência de travagem, eficiência térmica de travagem, consumo específico de combustível de travagem mais baixo e temperatura dos gases de escape. ₓOs resultados dos ensaios mostraram também que as emissões de escape, incluindo as emissões de monóxido de carbono (CO), hidrocarbonetos (HC) e fumo, foram reduzidas para todas as misturas de biodiesel, sendo as emissões de hidrocarbonetos (HC) e de NO da mistura B10 as mais baixas das três misturas de biodiesel, com um ligeiro aumento das emissões de monóxido de carbono (CO) para a mistura B10 em comparação com as misturas B15 e B10. ₓNo entanto, observou-se um ligeiro aumento das emissões de óxido de azoto (NO) para as misturas de biodiesel.

CAPÍTULO 1

INTRODUÇÃO

1.1 Biodiesel

Biodiesel é o nome de um combustível alternativo de queima limpa produzido a partir de recursos domésticos e renováveis. O biodiesel não contém petróleo, mas pode ser misturado com gasóleo de petróleo em qualquer quantidade para criar uma mistura de biodiesel. Pode ser utilizado em motores diesel com ignição por compressão até 20% sem grandes modificações. O biodiesel é fácil de utilizar, biodegradável, não tóxico e essencialmente isento de enxofre e de compostos aromáticos.

Definição técnica: O biodiesel é um combustível constituído por ésteres monoalquílicos de ácidos gordos de cadeia longa derivados de óleos vegetais ou gorduras animais, designado como B100 e que cumpre os requisitos da norma ASTM (American Society for Testing & Materials) D 6751. Os componentes mais importantes dos óleos vegetais e das gorduras animais são os triacilgliceróis (TAG; muitas vezes também designados por triglicéridos). Do ponto de vista químico, os TAG são ésteres de ácidos gordos com glicerol (1,2,3-propanotriol; o glicerol é também frequentemente referido como glicerina). Os TAG dos óleos vegetais e das gorduras animais contêm normalmente vários ácidos gordos diferentes. Assim, diferentes ácidos gordos podem ser ligados a uma estrutura de glicerol. O perfil de ácidos gordos é provavelmente o parâmetro mais importante que influencia as propriedades correspondentes de um óleo vegetal ou gordura animal. Para obter biodiesel, o óleo vegetal ou a gordura animal é submetido a uma reação química conhecida como transesterificação. Nesta reação, o óleo vegetal ou a gordura animal reage com um álcool (geralmente metanol) na presença de um catalisador (geralmente uma base) para obter os ésteres alquílicos correspondentes (ou ésteres metílicos no caso do metanol) da mistura de FA contida no óleo ou gordura vegetal ou animal de partida. A figura 1 mostra a reação de transesterificação. O biodiesel pode ser produzido a partir de uma variedade de matérias-primas. Estas matérias-primas incluem os óleos vegetais mais comuns (por exemplo, soja, sementes de algodão, palma, amendoim, colza, girassol, cártamo e coco) e gorduras animais (geralmente sebo), bem como óleos usados (por exemplo, óleos de fritura usados). A escolha do material de origem depende em grande medida da localização geográfica. Dependendo da origem e da qualidade do material de origem, podem ser necessárias alterações no processo de produção. O biodiesel é miscível com o petrodiesel em todas as proporções. Em muitos países, este facto levou à utilização de misturas de biodiesel e petrodiesel em vez de biodiesel puro. É importante notar que estas misturas com petrodiesel não são biodiesel. Muitas vezes, as misturas com petrodiesel são rotuladas com acrónimos como B20, que significa uma mistura de 20% de biodiesel com petrodiesel. [1]

1.2 Procura de biodiesel

Os recursos petrolíferos são finitos, razão pela qual estão a ser procuradas alternativas a nível mundial. A maior parte da procura de energia é satisfeita por fontes de energia convencionais, como o carvão, o petróleo e o gás natural. Os combustíveis derivados do petróleo são reservas limitadas que se concentram em determinadas regiões do mundo. Estas fontes estão à beira da extinção. A escassez de reservas conhecidas de petróleo torna as fontes de energia renováveis, como o biodiesel, mais atractivas. Uma vez que os biocombustíveis, como o etanol e o biodiesel, são amigos do ambiente, ajudar-nos-ão a cumprir normas de emissão mais rigorosas. A experiência internacional demonstrou os benefícios da utilização de etanol e metanol como combustível para veículos a motor. As misturas com um teor de biodiesel inferior a 20 % não constituem um problema e reduzem as emissões poluentes.

Os gases emitidos pelos veículos a gasolina e a gasóleo têm um impacto negativo no ambiente e na saúde humana. É amplamente reconhecida a necessidade de reduzir estas emissões, encontrando formas de as reduzir sem comprometer o processo de crescimento e desenvolvimento. Uma das formas de o conseguir é através da utilização de biodiesel e da sua mistura com o gasóleo.

Embora a produção interna de petróleo bruto tenha estagnado, a dinâmica de crescimento deu um salto quântico desde a década de 1990, quando as reformas económicas abriram caminho para uma taxa de desenvolvimento muito mais elevada, conduzindo a um aumento cada vez mais rápido da procura de petróleo. Esta situação constitui simultaneamente um desafio e uma oportunidade para procurarmos substitutos para os combustíveis fósseis, a fim de obtermos benefícios económicos e ambientais para o país.

Os biocombustíveis são geralmente considerados promissores em termos de sustentabilidade, redução das emissões de gases com efeito de estufa, desenvolvimento regional, estrutura social e agricultura, e segurança do aprovisionamento, entre outros. Nos países industrializados, verifica-se uma tendência crescente para a utilização de tecnologias modernas e para a conversão eficiente da bioenergia, utilizando uma gama de biocombustíveis que estão a tornar-se competitivos com os combustíveis fósseis em termos de custos. A escassez de combustíveis fósseis convencionais, a crescente emissão de poluentes durante a combustão e o aumento dos seus custos estão a tornar as fontes de biomassa mais atractivas. [2]

1.3   Vários métodos para a produção de biodiesel

1.3.1   Mistura direta

Com este método, os óleos vegetais são misturados diretamente com o gasóleo.

1.3.2   Transesterificação

Para produzir biodiesel, o óleo vegetal ou a gordura animal é submetido a uma reação química conhecida como transesterificação. Nesta reação, o óleo vegetal ou a gordura animal reage com um álcool (geralmente metanol) na presença de um catalisador (geralmente uma base como o KOH).

CH3OH) aos ésteres alquílicos correspondentes (ou, no caso do metanol, aos ésteres metílicos) do

FA (ácidos gordos) contidos no óleo vegetal ou na gordura animal de partida. A figura 1 abaixo mostra a reação de transesterificação.

$$
\begin{array}{ccccccc}
\underset{\text{(Vegetable oil)}}{\underset{\text{Triacylglycerols}}{
\begin{array}{c}
CH_2\text{-O-}\overset{\overset{O}{\|}}{C}\text{-R}\\
|\\
CH\text{-O-}\overset{\overset{O}{\|}}{C}\text{-R}\\
|\\
CH_2\text{-O-}\overset{\overset{O}{\|}}{C}\text{-R}
\end{array}}}
& + & \underset{\text{Alcohol}}{3\ R'OH}
& \xrightarrow{\text{Catalyst}}
& \underset{\underset{\text{(Biodiesel)}}{\text{Alkyl Ester}}}{3\ R'\text{-O-}\overset{\overset{O}{\|}}{C}\text{-R}}
& + & \underset{\text{Glycerol}}{
\begin{array}{c}
CH_2\text{-OH}\\
|\\
CH\text{-OH}\\
|\\
CH_2\text{-OH}
\end{array}}
\end{array}
$$

Figura 1 [2]

Preparação: Deve ter-se o cuidado de controlar o teor de água e de ácidos gordos livres do óleo vegetal que entra. Um teor demasiado elevado de ácidos gordos livres ou de água pode levar a problemas de formação de sabão (saponificação) e de separação do subproduto glicerina no processo a jusante.

- O catalisador é dissolvido no álcool utilizando um agitador ou misturador disponível no mercado.

- A mistura álcool-catalisador é então vertida num recipiente de reação fechado e adiciona-se o óleo vegetal. A partir daqui, o sistema é completamente isolado da atmosfera para evitar a perda de álcool.

A mistura de reação é mantida ligeiramente acima do ponto de ebulição do álcool (aproximadamente 70 °C) para acelerar a reação, embora alguns sistemas recomendem a realização da reação a uma temperatura entre a temperatura ambiente e 55 °C por razões de segurança. O tempo de reação recomendado varia entre 1 e 8 horas; em condições normais, a taxa de reação duplica por cada 10 °C de aumento da temperatura de reação. Normalmente, é utilizado um excesso de álcool para assegurar a conversão completa da gordura ou do óleo nos seus ésteres.

A fase de glicerol é muito mais densa do que a fase de biodiesel, e as duas podem ser separadas por gravidade, com o glicerol a ser simplesmente retirado do fundo do recipiente de decantação. Em alguns casos, é utilizada uma centrífuga para separar os dois materiais mais rapidamente.

Após a separação das fases de glicerol e biodiesel, o excesso de álcool em cada fase é removido por evaporação rápida ou destilação. Noutros sistemas, o álcool é removido e a mistura é neutralizada antes da separação do glicerol e dos ésteres. Em ambos os casos, o álcool é recuperado por unidades de destilação e reutilizado. Deve ter-se o cuidado de assegurar que não se acumula água no fluxo de álcool recuperado.

O subproduto glicerina contém catalisadores e sabões não utilizados, que são neutralizados com um ácido e armazenados como glicerina bruta (a água e o álcool são posteriormente removidos, principalmente por evaporação, para obter 80-88% de glicerina pura).

- Após a separação da glicerina, o biodiesel é por vezes purificado por lavagem cuidadosa com água quente para remover resíduos de catalisadores ou sabões, sendo depois seco e armazenado. [4]

1.3.3 Pirólise (cracking)

O cracking térmico ou pirólise é o processo de quebra das moléculas por aquecimento a altas temperaturas, ou seja, o aquecimento da substância na ausência de ar ou oxigénio a temperaturas superiores a 450°C, produzindo uma mistura de compostos químicos com propriedades muito semelhantes às do petro-diesel. Em alguns casos, este processo é auxiliado por um catalisador que decompõe os compostos químicos para produzir moléculas mais pequenas. As gorduras podem ser pirolisadas para produzir compostos de cadeia mais pequena. A pirólise de gorduras tem sido investigada há mais de 100 anos, especialmente em países com baixas reservas de petróleo. Os catalisadores típicos para a pirólise são o óxido de silício SiO2 e o óxido de alumínio Al2O3.

Os sistemas de pirólise ou de craqueamento térmico são dispendiosos. No entanto, os produtos são quimicamente semelhantes ao gasóleo. A remoção do oxigénio neste processo reduz os benefícios de um combustível oxigenado, pelo que os benefícios ambientais são menores, sendo normalmente produzido um combustível mais próximo da gasolina do que do gasóleo. De acordo com a nomenclatura internacional, o combustível produzido por cracking térmico não é considerado biodiesel, embora seja um biocombustível semelhante ao gasóleo. O craqueamento é ideal para locais onde são necessários volumes de produção mais pequenos e onde há menos mão de obra especializada disponível.

O cracking catalítico ou térmico produz uma mistura de hidrocarbonetos condensados com um rendimento de cerca de 80 % numa fase orgânica. Existe uma fase aquosa, cerca de 5 a 10 %, e o restante são gases. O cracking caracteriza-se pelo facto de não se formarem compostos aromáticos, que têm um elevado potencial poluente.

1.4 Vantagens do biodiesel em relação ao petrodiesel

• Produção a partir de recursos nacionais renováveis, reduzindo a dependência do petróleo.

• Biodegradabilidade.

• Redução da maioria das emissões de gases de escape (com exceção dos óxidos de azoto, NOx).

• Ponto de inflamação mais elevado, resultando num manuseamento e armazenamento mais seguros.

• Excelente lubricidade, um facto que se está a tornar cada vez mais importante com o advento dos combustíveis petrodiesel com baixo teor de enxofre, que reduziram muito a lubricidade. A adição de biodiesel em pequenas quantidades (1-2%) restaura a lubricidade. [3]

1.5 História do biodiesel e sua procura atual

A história do biodiesel começa em meados do século XIX. Nessa altura, o processo de transesterificação era utilizado para extrair glicerina do óleo. A glicerina era então (e ainda hoje é) um produto útil que era amplamente utilizado nas indústrias cosmética, alimentar e de explosivos. Quando Rudolf Diesel apresentou o seu motor a gasóleo na Feira de Paris em 1900, utilizou-o com óleo de amendoim puro - nem sequer biodiesel.

No início dos anos 1900, os combustíveis derivados do petróleo eram abundantes e baratos. Foram desenvolvidos sistemas de injeção de combustível cada vez mais sofisticados para utilizar estes óleos derivados de combustíveis fósseis. Ao longo dos anos, os veículos evoluíram para funcionar com gasóleo fóssil mais fino em vez de óleos vegetais mais espessos. Até à crise petrolífera dos anos 70, não fazia sentido, do ponto de vista económico, fazer funcionar um motor com outro combustível que não fosse o gasóleo fóssil. No entanto, com o aumento do preço do petróleo bruto, houve um incentivo à investigação de combustíveis alternativos. Já era praticamente aceite que o óleo vegetal não modificado não era adequado para os modernos sistemas de injeção de combustível. O processo de transesterificação era uma ciência bastante antiga e era utilizado para reduzir a viscosidade do óleo e produzir biodiesel (o biodiesel é tecnicamente designado por éster metílico de ácidos gordos).

Em 1983, o Dr. Mittelbach, na Áustria, desenvolveu um processo comercial de conversão de óleos alimentares usados em biodiesel. O Dr. Thomas Reed é considerado a primeira pessoa nos EUA a converter óleo alimentar usado em biodiesel numa pequena escala, em 1989.

Na década de 2000, quando os preços do petróleo bruto voltaram a subir e surgiu uma nova consciência da poluição e do aquecimento global, os biocombustíveis tornaram-se novamente populares. Os subsídios governamentais para a indústria dos biocombustíveis tornaram-se comuns, especialmente no primeiro mundo. Isto deu à indústria a segurança económica de que necessitava para investir em biocombustíveis.

Curiosamente, a história do biodiesel mostra que os países que apoiam e subsidiam a indústria de biocombustíveis têm uma produção comercial em grande escala (EUA, UE), ao passo que os países que não têm esses subsídios não o fazem.

1.6 Aspectos técnicos

A viscosidade cinemática dos óleos vegetais é cerca de uma ordem de grandeza superior à do combustível para motores diesel convencional obtido a partir de petróleo bruto. A elevada viscosidade conduz a uma fraca atomização do combustível nas câmaras de combustão do motor e, em última análise, a problemas de funcionamento, tais como depósitos no motor. Desde o ressurgimento do interesse pelos combustíveis à base de óleos vegetais no final dos anos 70, foram investigadas quatro soluções possíveis para o problema da elevada viscosidade: Transesterificação, pirólise, diluição com gasóleo convencional à base de petróleo e microemulsificação.

A transesterificação é o método mais comum e resulta em ésteres monoalquílicos de óleos e gorduras vegetais, atualmente conhecidos como biodiesel quando utilizados como combustível. Em suma, consiste na reação do óleo vegetal com um álcool, geralmente metanol, na presença de um catalisador, geralmente uma base como o hidróxido de sódio ou de potássio, para obter os ésteres de óleo vegetal correspondentes (geralmente ésteres metílicos). Os ésteres metílicos são a forma mais comum de biodiesel, principalmente devido ao facto de o metanol ser o álcool mais barato.

A elevada viscosidade dos óleos vegetais foi reconhecida desde cedo como a principal causa da má atomização do combustível, que conduz a problemas operacionais, como depósitos no motor. Embora tenham sido consideradas modificações do motor, como o aumento da pressão de injeção, a elevada viscosidade dos óleos vegetais foi geralmente reduzida através do aquecimento do combustível de óleo vegetal. Frequentemente, o motor era ligado com petrodiesel e mudado para o combustível de óleo vegetal após alguns minutos de funcionamento, embora também tenha sido registado um arranque a frio bem sucedido com óleo de amendoim de elevada acidez. Outra técnica utilizada foi o controlo avançado da injeção. Seddon apresenta um interessante relatório de campo sobre um camião que funcionou com êxito com vários óleos vegetais e combustível pré-aquecido.

A pirólise, o cracking ou outros métodos de decomposição de óleos vegetais para obter combustíveis de vários tipos é uma abordagem que representa uma grande parte da literatura em tempos "históricos". Na China, a "gasolina", a "parafina" e o "gasóleo" artificiais eram obtidos a partir do óleo de tungue e de outros óleos. Outros óleos utilizados nesta abordagem foram o óleo de peixe, o óleo de linhaça, o óleo de rícino, o óleo de palma e o óleo de algodão.
As outras abordagens - microemulsificação e diluição com petrodiesel - parecem ter recebido pouca ou nenhuma atenção durante o período histórico de estudos sobre óleos vegetais como combustível para motores diesel. No entanto, foi descrita a utilização de misturas de gasóleo convencional com óleo de semente de algodão, óleo de milho e óleo de linhaça. [4]

1.7 Propriedades do biodiesel [dados da MERADO Ludhiana]

1.7.1 Viscosidade do biodiesel

A viscosidade, uma medida da resistência ao fluxo de um fluido causada pela fricção interna de uma parte de um fluido que se move sobre outra, afecta a atomização de um combustível durante a injeção na câmara de combustão e, por conseguinte, em última análise, a formação de depósitos no motor. Quanto maior for a viscosidade, maior será a tendência do combustível para estes problemas. A viscosidade do óleo transesterificado, ou seja, do biodiesel, é cerca de uma ordem de grandeza inferior à do óleo de base. ^{0}A viscosidade cinemática das misturas B1O, B15, B20 e do éster metílico de semente de algodão foi de 2,19, 2,38, 2,28 e 3,6 centistokes a 40 C, respetivamente. O éster metílico de semente de algodão tinha uma viscosidade cinemática que era 7,692 por cento inferior à do gasóleo. A elevada viscosidade é a propriedade mais importante do combustível, o que explica o facto de os óleos vegetais puros terem sido largamente abandonados como combustível diesel alternativo (DF). A viscosidade cinemática (v), que está ligada à viscosidade dinâmica (n) pelo fator de densidade, é dada como uma especificação nas normas do biodiesel. Pode ser determinada por normas como a ASTM D445 ou a ISO 3104. Os ésteres metílicos de ácidos gordos são fluidos newtonianos a temperaturas superiores a 5°C (11). A viscosidade do combustível petrodiesel é inferior à do biodiesel, o que também se reflecte nos limites de viscosidade cinemática (todos a 40 °C) das normas relativas ao petrodiesel, que são 1,9-4,1 mm2/s para o DF2 (1,3-2,4 mm2/s para o DF1) e 2,0-4,5 mm2/s na norma ASTM D975 relativa ao petrodiesel. A diferença de viscosidade entre o óleo de base e os derivados de ésteres alquílicos pode ser utilizada para monitorizar a produção de biodiesel. A viscosidade aumenta com o comprimento da cadeia (número de átomos de carbono) e com o aumento do grau de saturação. Isto também se aplica ao teor de álcool, uma vez que a viscosidade dos ésteres etílicos é ligeiramente superior à dos ésteres metílicos. Factores como a configuração da ligação dupla influenciam a viscosidade (a ligação dupla cis dá uma viscosidade mais baixa do que a trans), enquanto a posição da ligação dupla tem menos influência na viscosidade. No entanto, a ramificação na unidade de éster tem pouco ou nenhum efeito na viscosidade.

O viscosímetro Redwood é utilizado para determinar a viscosidade do óleo, expressa como o tempo de fluxo em segundos através de um orifício específico numa peça de metal.

Âmbito de aplicação do viscosímetro Redwood

O aparelho Redwood mede a viscosidade em unidades empíricas e não em unidades absolutas como os centistokes. É possível converter os valores do viscosímetro Redwood em unidades absolutas, para as quais pode ser utilizada a especificação publicada pelo Institute of Petroleum London. O método é principalmente adequado para determinar a viscosidade do óleo que flui de acordo com o princípio de Newton, ou seja, se apresentar uma relação linear entre a tensão de cisalhamento e a taxa de cisalhamento nas condições de ensaio.

Modo de funcionamento

As medições do tempo de escoamento dos produtos à base de óleos minerais devem ser efectuadas às seguintes temperaturas

ooooooo21 C, 37,8 C, 40 C, 60 C, 93 C, 121 C, 149 C, 204 C°

A temperatura mínima para os óleos de aquecimento é de 40 C

A temperatura de ensaio para os óleos de fluxo é de 93 C.°

O viscosímetro Redwood apresenta corretamente o tempo de fluxo da viscosidade se este se situar entre 3 segundos e 2000 segundos.

Amostragem

ooPara as determinações a temperaturas iguais ou inferiores a 93 C, a amostra de tempo, sem agitação, é colocada num recipiente pouco fechado, tão completamente cheio quanto possível, durante uma hora a 100 C, por imersão num banho líquido adequado mantido a essa temperatura, por exemplo, um banho em ebulição. °Em seguida, regula-se a temperatura ligeiramente abaixo da temperatura de ensaio e a subsequente audição é efectuada utilizando uma fonte de calor com uma temperatura não superior a 121 C ou superior. Se for necessário determinar uma gama de viscosidades a várias temperaturas e antes das temperaturas mais baixas. Determinar a viscosidade no prazo de 1 hora após a amostra ter atingido as temperaturas desejadas.

Preparar o dispositivo

(a) Limpar o copo de óleo com um solvente adequado, por exemplo, tetracloreto de carbono, e depois secá-lo cuidadosamente com papel de seda macio ou um material semelhante que não deixe fiapos. Limpar o orifício do bocal em qualquer rosca do tubo.

(b) Montar o viscosímetro com o nível de bolha de ar para garantir o seu nivelamento. °Encher o banho com água para as determinações a 93 C ou menos e, para temperaturas mais elevadas, com óleo que tenha uma viscosidade correspondentemente baixa à temperatura de ensaio.° C Encher o banho até um nível que esteja pelo menos 10 mm abaixo do bordo do copo de óleo à temperatura de ensaio.

Procedimento

(a) O banho do viscosímetro foi ajustado para alguns graus acima da temperatura de ensaio desejada. A amostra foi vertida através de um filtro metálico para o copo de óleo. A temperatura do banho foi ajustada até que a amostra no copo fosse mantida à temperatura de ensaio, de preferência com o conteúdo do banho e do copo a ser continuamente agitado durante este processo. A amostra foi agitada durante o tempo de preparação, por exemplo, por meio do valor esférico, sendo os fundos do bocal selados por meios adequados, mas a amostra não foi agitada durante a determinação efectiva. Quando a temperatura da amostra se estabilizou no valor desejado, o nível do líquido foi ajustado, deixando a amostra escorrer até que a superfície da amostra tocasse o ponto de enchimento. Introduzir no aparelho o copo de óleo com a ranhura curva. Colocou-se um suporte limpo e seco com 50 ml no fundo do bocal. O pistão não foi isolado de forma alguma. Colocou-se a válvula de esfera e, simultaneamente, apoiou-se o termómetro do copo de óleo com a ajuda do fio de gancho. O cronómetro foi parado no momento em que a amostra atingiu a marca de divisão do balão e anotou-se a leitura final do termómetro do copo de óleo.

(b) ᵒᵒᵒᵒᵒFoi rejeitada qualquer determinação da temperatura da amostra no copo de óleo que, durante o ensaio, tenha sofrido uma variação superior a 0,1 C a temperaturas iguais ou inferiores a 60 C, superior a 0,3 C ou superior a 8,5 C a 121 C.

Viscosímetro Redwood para a medição da cinemática
Viscosidade 1.7.2 Ponto de nuvem

O ponto de turvação é a temperatura, especificada com uma aproximação ao grau Celsius, à qual ocorre uma nuvem ou turvação quando o óleo é arrefecido nas condições prescritas.

1.7.3 Abertura de enchimento

A temperatura mais baixa, expressa em múltiplos de 3° C, a que o óleo flui quando arrefecido e analisado nas condições prescritas.

As misturas B1O, B15 e B20 têm um ponto de turvação e um ponto de fluidez mais elevados do que o gasóleo. O ponto de turvação e o ponto de fluidez do éster metílico de sementes de algodão também foram superiores aos do gasóleo. Os resultados mostram que o ponto de turvação da mistura B10 é quase o mesmo que o do gasóleo.
Dispositivos de ponto de nuvem e ponto de vazamento
ᵒO método do ponto de turvação destina-se apenas aos óleos que são transparentes em camadas de 40 mm de espessura e que têm um ponto de turvação inferior a 40 C. O método do ponto de fluidez é adequado para todos os petróleos brutos.
Para determinar o ponto de turvação, a amostra foi arrefecida nas condições prescritas e analisada a intervalos de 1 grau Celsius até ao aparecimento de uma nuvem ou neblina. ᵒᵒPara determinar o ponto de escoamento, a amostra foi arrefecida nas condições prescritas e analisada

a intervalos de 3 °C até parar de se mover quando a superfície foi mantida verticalmente durante 65 segundos; o ponto de escoamento foi então determinado como sendo 3 °C acima da temperatura em que o escoamento parou.

Funcionamento de um banho frio

°O banho de arrefecimento pode ser utilizado desde uma temperatura superior à temperatura ambiente até uma temperatura inferior a 30 C negativos. A amostra a ser testada é armazenada num frasco de vidro, equipado com uma rolha de borracha e armazenado verticalmente na tampa fornecida. ∞A temperatura de ensaio foi inferior a 0 C ou até -30 C. A bainha foi enchida com uma pequena quantidade de álcool etílico à volta do vidro para garantir um bom contacto com o líquido de arrefecimento. O pino do termopar (bolbo do termopar) foi introduzido na rolha de borracha até ao centro do recipiente de vidro. O interrutor principal foi ligado e uma lâmpada de néon vermelha indicou o seu funcionamento. O arrefecimento ocorreu 30 a 40 minutos após a ligação do sistema de arrefecimento.

°Método do ponto de névoaA amostra foi levada a uma temperatura de, pelo menos, 15 °C acima do ponto de névoa aproximado e, em seguida, vertida no vidro até uma altura de 51 a 57 mm. Fecha-se o frasco com a rolha de modo a que o bolbo do termómetro fique no centro do fundo do frasco. O frasco é introduzido na manta.

∞A temperatura do banho foi mantida entre 1 °C e 2 °C negativos. A cada leitura do termómetro de um grau Celsius, o recipiente foi rapidamente retirado da camisa sem perturbar o óleo. O material foi examinado quanto à turvação e o recipiente foi recolocado. Todo este processo não demorou mais de 3 segundos. ∞∞Se a amostra não apresentar turvação após arrefecimento a 10 C, o recipiente é colocado num outro banho mantido a uma temperatura de 15 C a 18 C negativos. ∞∞Se a amostra não apresentar turvação depois de ter sido arrefecida a 7 C negativos, colocar o recipiente e a camisa num outro banho, mantido a uma temperatura de 32 C a 35 C negativos. Quando, durante a inspeção da amostra, for visível pela primeira vez uma turvação ou uma névoa clara no fundo do recipiente, a leitura do termómetro deve ser registada como o ponto de turvação.

Relatórios

A temperatura registada foi corrigida em função dos erros do termómetro e indicada ao grau Celsius mais próximo como ponto de nuvem.

Precisão

Os resultados dos testes em duplicado não podem diferir mais do que os seguintes valores

Repetibilidade Reprodutibilidade

6oC 6oC

Dispositivo de turbidez e ponto de fluidez

Processo de ponto de fluidez

A amostra aquecida no banho-maria foi vertida no frasco até atingir uma altura de 51 a 57 mm. O frasco foi fechado com a rolha contendo o termómetro n.º 1, de modo a que o bolbo do termómetro ficasse imerso verticalmente na amostra, com o início do capilar 3 mm abaixo da superfície. ᵒᵒA amostra foi aquecida até à temperatura de 46 C, sem agitação, num banho mantido a uma temperatura não superior a 48 C. A amostra foi deixada em repouso ao ar ou na estufa. ᵒᵒArrefecer a amostra até 32 C ao ar ou num banho de água a cerca de 25 C. ᵒᵒSe se previr um ponto de fluidez inferior a 35 C negativos, a amostra é arrefecida a 16 C ao ar ou num banho de água e o termómetro n.º 1 é substituído pelo termómetro n.º 2, o selo é colocado no recipiente a 25 mm do fundo e o recipiente é colocado na camisa.

Quando a amostra é arrefecida para permitir a formação de cristais de cera, teve-se o cuidado de não perturbar a massa da amostra para que o termómetro não se deslocasse na amostra; qualquer perturbação da rede cristalina esponjosa conduziria a resultados falsos. ᵒᵒA temperatura do banho foi mantida entre menos 1 °C e mais 2 °C. Camisa e recipiente

ᵒfoi apoiado numa posição vertical no banho, começando a uma temperatura 12 C acima do ponto de escoamento esperado em cada leitura do termómetro, que é um múltiplo de 3 C, o vidro foi cuidadosamente retirado da camisa, e inclinado apenas o suficiente para ver se o óleo se move e o substitui. Todo este processo não demora mais de 3 segundos. ᵒᵒᵒSe o óleo não parar de fluir quando tiver arrefecido até 9 C, colocar o frasco noutro banho mantido a uma temperatura de 32 C a 35 C negativos. ᵒSe o ponto de fluidez for muito baixo, efectuam-se outros banhos com uma diferença de temperatura sucessivamente mais baixa, de cerca de 18 C. ᵒO recipiente e a camisa

14

são invertidos quando a temperatura da amostra atinge um ponto 27 C acima da temperatura do novo banho. Logo que a amostra deixe de fluir quando o recipiente é inclinado, manter o recipiente na posição horizontal durante exatamente 5 segundos. °Se a amostra se mover, voltar a colocar o recipiente na camisa e arrefecer a amostra mais 6 C. Se o óleo não apresentar qualquer movimento durante os 5 segundos, registar a leitura do termómetro.

1.7.4 Ponto de inflamação

A temperatura a que uma substância liberta tanto vapor que este forma uma mistura inflamável em combinação com o ar e produz um breve clarão de luz quando inflamado com uma pequena chama piloto. As misturas B1O, B15, B20 têm um ponto de inflamação mais elevado do que o gasóleo. O ponto de inflamação e o ponto de inflamação do éster metílico de sementes de algodão foram superiores aos do gasóleo. Os resultados mostraram que o ponto de inflamação da mistura B15 era 16,66% mais elevado do que o do gasóleo.

Aparelho para determinação do ponto de inflamação Pensky-Martens

Descrição do método

A amostra é aquecida lenta e uniformemente num copo de ensaio com agitação constante. Uma pequena chama de ensaio é dirigida para o copo a intervalos regulares, enquanto a agitação é interrompida. O ponto de inflamação é a temperatura mais baixa à qual o vapor acima da amostra é brevemente inflamado pela chama de ensaio. Preparação da amostra

O biodiesel que contenha água dissolvida ou livre pode ser desidratado com cloreto de cálcio ou por filtração através de um papel de filtro adequado ou de um tampão solto de algodão seco e absorvente. °É permitido aquecer o biodiesel, mas este não deve ser aquecido durante períodos prolongados ou a uma temperatura 16 °C inferior ao seu ponto de inflamação previsto.

Procedimento

1) Limpar e secar cuidadosamente todas as partes do copo e dos acessórios antes de iniciar o ensaio e assegurar que todos os solventes utilizados para limpar o dispositivo foram removidos. Colocar o aparelho de controlo sobre uma mesa plana e estável. Encher o copo com a amostra a testar até ao nível indicado na marca de enchimento. Colocar a tampa no copo e colocá-lo no fogão. Assegurar-se de que os dispositivos de fixação estão corretamente encaixados. Introduzir o termómetro. Acender a chama de ensaio e regulá-la para um diâmetro de 4,0 mm. °°Acender a chama tão rapidamente que a temperatura indicada pelo termómetro aumente, no mínimo, 5 °C e, no máximo, 6 °C por minuto. Rodar o agitador a 90-120 rotações por minuto em sentido descendente.

2) °°Se o ponto de inflamação do biodiesel for conhecido como sendo igual ou inferior a 105 C, a chama de ensaio deve ser acesa quando a temperatura do biodiesel não estiver mais de 17 C abaixo do ponto de inflamação por um número inteiro, e a cada grau de aumento

de temperatura subsequente. A chama de ensaio é acesa accionando o mecanismo na tampa que controla a tampa e o queimador da chama de ensaio, de modo a que a chama desça para o espaço de vapor do copo em 0,5 segundos, permaneça na posição descida durante um segundo e seja depois rapidamente elevada para a posição superior. O biodiesel não deve ser agitado quando a chama de ensaio é aplicada.

3) ᵒᵒᵒSe o ponto de inflamação do biodiesel for conhecido como sendo superior a 105 C, a chama de ensaio deve ser aplicada da forma descrita no parágrafo anterior a qualquer temperatura, ou seja, a um múltiplo de 3 C, começando numa temperatura inteira não superior a 17 C abaixo do ponto de inflamação.

4) O ponto de inflamação é a temperatura lida no termómetro no momento em que a aplicação da chama de ensaio provoca uma inflamação clara no interior do copo. Não confundir o verdadeiro ponto de inflamação com a auréola azulada que por vezes rodeia a chama de ensaio em aplicações que precedem a que provoca a verdadeira inflamação.

ᵒᵒᵒProcedimento para suspensões sólidasLevar o material a ensaiar e o aparelho de ensaio a uma temperatura de 15 C+5 C ou 11 C abaixo do ponto de inflamação estimado, consoante o que for mais baixo. Encher completamente o espaço de ar entre o copo e o interior do banho de ar com água à temperatura do aparelho de ensaio e do biodiesel. Rodar o agitador a 250+10 rpm enquanto se agita para baixo. ᵒᵒA temperatura é aumentada num mínimo de 1 C e num máximo de 1,5 C por minuto durante todo o ensaio.

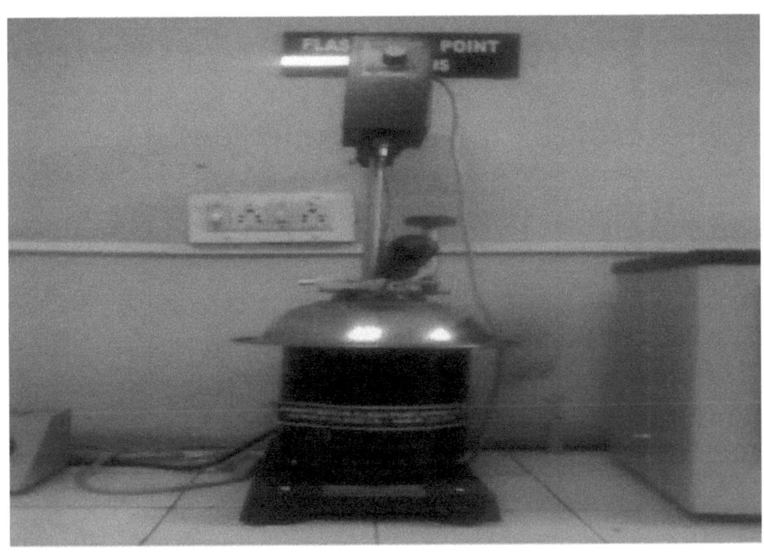

Dispositivo de ponto de inflamação Pensky Martin

1.7.5 Poder calorífico ou calor bruto de combustão

O calor de combustão ou o poder calorífico de um combustível é uma medida importante, uma vez que é o calor gerado pelo combustível no motor que permite ao motor efetuar o trabalho útil. O calor bruto de combustão das amostras de combustível foi determinado utilizando um calorímetro de bomba isotérmico da Widson Scientific Works. Uma amostra de combustível de 1 ml foi queimada na bomba do calorímetro na presença de oxigénio puro. A amostra foi inflamada eletricamente. O aumento da temperatura foi medido durante o desenvolvimento do calor. O equivalente de água (capacidade calorífica efectiva do calorímetro) foi também determinado utilizando ácido benzoico puro e seco como combustível de ensaio. Cada amostra foi repetida três vezes.

O calor bruto de combustão das amostras de combustível foi calculado utilizando a equação seguinte.

$$H_c = \frac{W_c \times \Delta T}{M_s}$$

where,

H_c = Heat of combustion of the fuel sample, Cal / g

W_c = Water equivalent of the calorimeter, Cal / ^{0}C

ΔT = Rise in temperature, ^{0}C

M_s = Mass of sample burnt, g

O poder calorífico do gasóleo, do éster metílico de sementes de algodão e da mistura B10 foi determinado em 43 000, 40 000 e 40 300 KJ/kg, respetivamente. O poder calorífico da mistura B10 é 6,27% inferior ao do gasóleo, enquanto o poder calorífico do éster metílico de sementes de algodão é 6,97% inferior ao do gasóleo. O resultado mostra que o poder calorífico da mistura B10 é inferior ao do gasóleo.

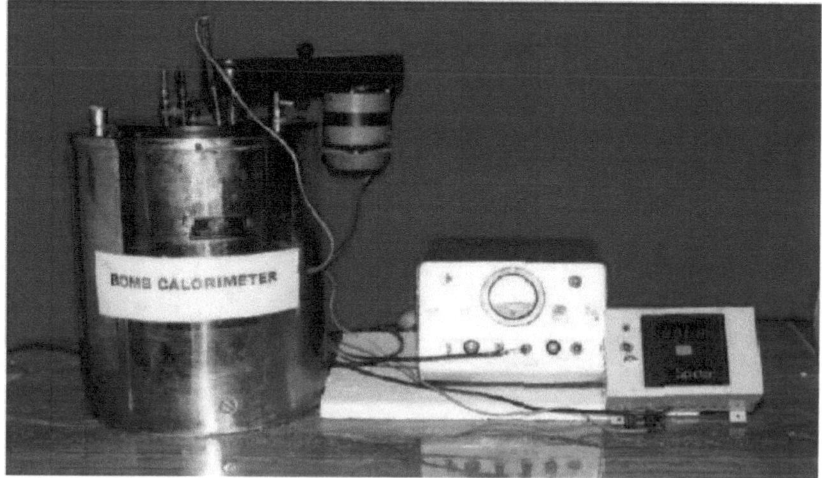

Calorímetro isotérmico de bomba para medição do poder calorífico

1.7.6 Teor de cinzas

As cinzas de um combustível podem provir do óleo, de substâncias solúveis em água ou de sólidos estranhos, como a sujidade e a ferrugem. O teor de cinzas do gasóleo, do óleo de semente de algodão e do éster de óleo de semente de algodão foi medido de acordo com a norma ASTM D482-IP 4 do Institute of Petroleum, EUA. Para o ensaio, foi utilizada uma mufla eléctrica da marca wiswo. Para medir o teor de cinzas, a amostra foi recolhida num prato de sílica. O prato foi primeiro esvaziado e depois pesado com a amostra de combustível. O peso da amostra foi determinado a partir da diferença entre o peso inicial e o peso final do prato. °A amostra foi então colocada na mufla e aquecida a 775±25 C durante duas horas. Cada amostra foi repetida três vezes. O teor de cinzas foi determinado utilizando a seguinte equação

$$A_s = \frac{Wa}{Ws} \times 100$$

where,

$$
\begin{aligned}
A_s &= \text{Ash content, percent (\%)} \\
W_a &= \text{Weight of ash (gm)} \\
W_s &= \text{Weight of sample (gm)}
\end{aligned}
$$

Forno de mufla para medição do teor de cinzas

1.7.7 Resíduos de carbono

O resíduo de carbono foi determinado para vários combustíveis utilizando um analisador de resíduos de carbono. A medição foi efectuada de acordo com a norma ASTM D189-IP 13 do Instituto do Petróleo, Londres. O método determina a quantidade de resíduo de carbono remanescente após a evaporação e pirólise de um óleo. Destina-se a dar uma indicação das propriedades relativas de formação de coque. Neste método, 10 g de cada amostra de combustível foram pesados, com uma aproximação de 5 mg, num cadinho de ferro do aparelho, isento de humidade e de outras matérias em suspensão. O cadinho foi então colocado no centro do cadinho Skidmore do aparelho, a areia no cadinho grande de chapa de ferro foi nivelada e, em seguida, o cadinho Skidmore foi colocado exatamente no centro do cadinho de ferro no topo. Em seguida, colocam-se as tampas no cadinho Skidmore e no cadinho de ferro, soltando-se este último para permitir a livre saída dos vapores. A amostra de combustível foi então aquecida durante 20 minutos com uma chama forte de um bico de gás. Quando o fumo aparecia na chaminé, o queimador era imediatamente deslocado ou inclinado de modo a que a chama do gás tocasse nos lados do cadinho para inflamar os vapores. Os vapores inflamados são então queimados uniformemente com a chama acima da chaminé durante mais algum tempo. Quando o vapor deixou de arder e não se via mais fumo, o queimador foi desligado e o calor foi mantido como no início, de modo a que o fundo e a parte inferior do cadinho de chapa de ferro ficassem com uma cor vermelho-cereja durante cerca de 15 minutos. Retira-se o queimador e deixa-se arrefecer até que não se veja mais fumo. A tampa do cadinho foi retirada com uma pinça, arrefecida e pesada. A percentagem de resíduo de carbono na amostra original foi então calculada utilizando a equação seguinte:

$$C_r = \frac{W_c}{W_s} \times 100$$

where,

C_r = Carbon residue, %
W_c = Weight of carbon residue, g
W_s = Weight of the sample, g

Verificou-se que os ésteres de sementes de algodão e as suas misturas têm um teor de resíduos de carbono inferior ao do gasóleo, o que tem um efeito positivo no desempenho do motor e também evita a acumulação de carbono na câmara de combustão. A mistura B20 tem o menor teor de carbono em comparação com a B10 e a B15.

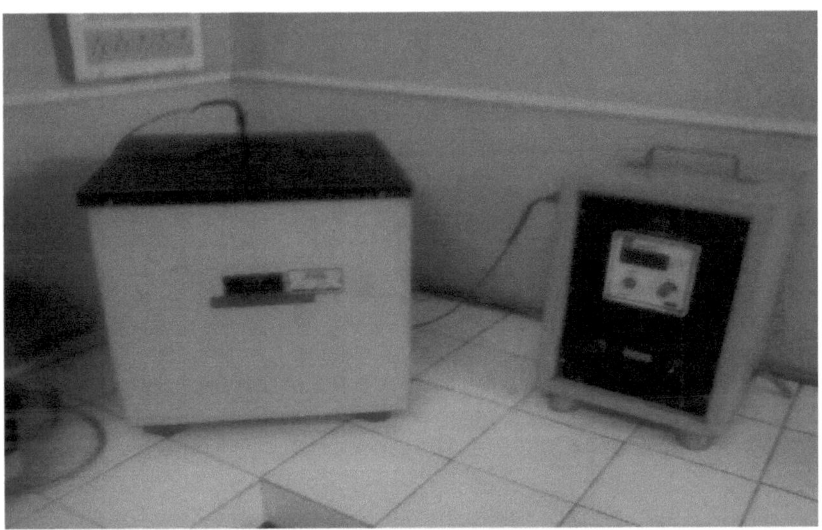

Aparelho para resíduos de carbono (Rams Bottom)

1.7.8 Teor de ácidos gordos livres (teor de FFA)

Como os AGL podem causar saponificação em vez de produção de biodiesel, é importante minimizar a

Teor de ácidos gordos livres num lote de azeite e se é necessário tomar medidas para reduzir o teor de ácidos gordos livres.

para o sucesso do processo de transesterificação. O teor de AGL pode ser determinado por titulação. O método de determinação do teor de AGL é descrito de seguida:

1. Num Erlenmeyer, juntar 50 ml de álcool neutralizante e o indicador fenolftaleína.

2. Introduzir 10 ml de óleo de base no Erlenmeyer.

3. Aquecer o conteúdo até aparecerem as primeiras bolhas (aprox. 70°C).

4. A fenolftaleína mostra o fim da reação como uma cor vermelha/rosa quando se utiliza NaOH como titulante (0,1N).

5. Se as quantidades forem conhecidas, o teor de AGL pode ser calculado.

$$\text{Peso da amostra} = \text{volume} \times \text{densidade}$$

$$(28,2 \times V \times N)/ \text{(peso da amostra)}$$

em que V = volume de NaOH consumido na reação

Titulação e N = normalidade do NaOH

O teor de AGL das misturas B1O, B15, B20 e do éster metílico de sementes de algodão foi de 0,090%, 0,10%, 0,109% e 0,112%, respetivamente.

1.8 Vantagens do biodiesel

1.8.1 Vantagens para o ambiente

Em 2000, o biodiesel tornou-se o único combustível alternativo no país a passar com sucesso os testes de efeitos na saúde Tier I e Tier II exigidos pela EPA ao abrigo do Clean Air Act. Estes testes independentes demonstraram de forma conclusiva que o biodiesel reduz significativamente praticamente todas as emissões regulamentadas e não representa qualquer ameaça para a saúde humana. O biodiesel não contém praticamente enxofre ou compostos aromáticos e a utilização de biodiesel num motor diesel convencional resulta em reduções significativas de hidrocarbonetos não queimados, monóxido de carbono e partículas. Um estudo concluiu que a produção e utilização de biodiesel conduz a uma redução de 78,5% nas emissões de dióxido de carbono em comparação com o gasóleo de petróleo. O biodiesel também tem um balanço energético positivo. Por cada unidade de energia necessária para produzir um litro de biodiesel, são ganhas pelo menos 4,5 unidades de energia.

1.8.2 Vantagens da segurança energética

Com os preços dos produtos agrícolas de base a aproximarem-se de mínimos históricos e os preços do petróleo a aproximarem-se de máximos históricos, é evidente que é possível fazer mais para utilizar os excedentes nacionais de óleos vegetais, aumentando simultaneamente a nossa segurança energética. Uma vez que o biodiesel pode ser produzido com a capacidade de produção industrial existente e utilizado com equipamento convencional, oferece uma oportunidade significativa para resolver imediatamente os nossos problemas de segurança energética. [4]

S.S. Ragit *et al*[8] trabalharam na normalização dos parâmetros do processo de transesterificação para a produção de ésteres metílicos a partir de óleo de neem filtrado e na caraterização do combustível para o desempenho do motor. O efeito dos parâmetros do processo, como a razão molar, a temperatura de pré-aquecimento, a concentração do catalisador e o tempo de reação, foi investigado para normalizar o processo de transesterificação e determinar a recuperação mais elevada de ésteres com a viscosidade mais baixa. °°Com base nas observações da recuperação de ésteres e da viscosidade cinemática, verificou-se que o óleo de nim filtrado foi pré-aquecido a uma razão de 6:1 M (metanol para óleo) a uma temperatura de pré-aquecimento de 55 C e mantendo a temperatura de reação de 60 C durante 60 minutos na presença de 2 por cento de KOH e depois estabilizado durante 24 horas para obter a viscosidade cinemática mais baixa (2,7 cSt) com éster recuperação (83,36%). Além disso, foram medidas várias propriedades de combustível do éster metílico de neem e do óleo de neem. Os resultados mostram que o éster metílico de neem obtido em condições óptimas é um excelente substituto dos combustíveis fósseis.

°°Com base nas observações da recuperação de ésteres e da viscosidade cinemática, verificou-se que o óleo de nim filtrado com uma relação de 6:1 M (metanol para óleo) pré-aquecido a 55 C e a 60 C de temperatura de reação mantida durante 60 minutos na presença de 2 por cento de KOH e depois deixado em repouso durante 24 horas deu a viscosidade cinemática mais baixa (2,7 cSt) com recuperação de ésteres (83,36%). A viscosidade mais baixa é considerada melhor para o desempenho do motor em motores de combustão interna neste estudo de investigação. A densidade, o ponto de inflamação e o ponto de inflamação do éster metílico de neem deram bons resultados, mas o valor calorífico foi ligeiramente inferior ao do gasóleo.

D. Royon *et al*[19] produziram enzimaticamente biodiesel a partir de óleo de semente de algodão utilizando *t-butanol como solvente*. A produção enzimática de biodiesel por metanólise de óleo de semente de algodão foi investigada utilizando lipase de *Candida* antarctica imobilizada como catalisador em *t-butanol como solvente*. A produção de ésteres metílicos e o desaparecimento de triacilgliceróis foram monitorizados por cromatografia HPLC. Num sistema descontínuo, verificou-se que a inibição enzimática causada pelo metanol não dissolvido foi eliminada pela adição de *t-butanol* ao meio de reação, o que também levou a um aumento significativo da taxa de reação e do rendimento em ésteres. Foi determinado o efeito do *t-butanol*, da concentração de metanol e da temperatura neste sistema. Uma metanólise

Foram observados rendimentos de 97% após 24 horas a 50°C com uma mistura de reação contendo 32,5% de t-butanol, 13,5% de metanol, 54% de óleo e 0,017 g de enzima (g de óleo)i1. Com a mesma mistura, obteve-se um rendimento em éster de 95% num reator contínuo de leito encerado de fase única a uma taxa baixa de 9,6 ml hi1 (g enzima)i1 . Não se observou uma diminuição significativa do rendimento em ésteres nas experiências com o reator contínuo durante 500 horas.

A estabilidade operacional do catalisador no processo contínuo foi testada a uma razão molar de metanol para óleo de 6:1, uma concentração de solvente de 32,5 % e uma taxa Xow de 9,6 ml hi1 (g enzima)i1 , tendo sido alcançada uma conversão de óleo de 95 %. Isto corresponde a uma produtividade de ésteres metílicos de 4 g hi1 (g enzima)i1. O sistema foi operado durante 500 horas sem perda significativa na conversão do substrato, que se manteve em 95% durante todo o ensaio. Este é um resultado significativo para a aplicação prática do processo, uma vez que o custo da enzima é elevado e a sua reutilização reduz significativamente o custo global do biodiesel. Concluiu que a utilização de *t-butanol* como solvente na produção enzimática de biodiesel a partir de óleo de semente de algodão tem as seguintes vantagens: (a) São alcançadas elevadas taxas de reação e rendimentos na presença deste solvente. A quantidade de enzima necessária para catalisar a reação num período de tempo razoável é menor do que noutros sistemas. (b) Pode ser utilizado um reator contínuo muito simples, de fase única, para a produção de biodiesel. (c) Não são necessárias etapas de regeneração do catalisador para reutilizar a lipase. (d) A estabilidade operacional do catalisador é elevada mesmo a 50°C. A necessidade de recuperação do solvente pode ser uma desvantagem do processo. No entanto, devem ser considerados os seguintes aspectos: A concentração de t-butanol para uma conversão óptima não é elevada, pelo que a energia necessária para a recuperação pode ser aceitável; a recuperação do solvente é uma prática comum na produção de biodiesel quimicamente catalisada e é necessário remover o excesso de metanol em qualquer caso; o baixo ponto de ebulição do *t-butanol permite* uma separação fácil do solvente juntamente com o metanol.

David M. Fernandes *et al*[18] tratam da produção e caraterização de biodiesel metílico e etílico a partir de óleo de algodão e do efeito da terc-butil-hidroquinona na sua estabilidade oxidativa. O biodiesel foi produzido por um processo de transesterificação em que o óleo reagiu com metanol ou etanol utilizando KOH como catalisador. A conversão de triglicéridos nos correspondentes ésteres metílicos e etílicos foi de 91,5 e 88,5 (wt%). Todas as propriedades físico-químicas dos biodieseis obtidos corresponderam aos valores mínimos ou máximos da norma EN 14214, com exceção da estabilidade à oxidação. A adição do antioxidante sintético terc-butil-hidroquinona numa concentração de 300 mg foi suficiente para obter valores de estabilidade oxidativa aceitáveis (>6 h). Foi também efectuada uma análise termogravimétrica, que mostrou perfis semelhantes para o biodiesel etílico e metílico. Assim, este trabalho mostra que é possível a produção de biodiesel de óleo de algodão por via etanólica.

Concluiu que a produção de biodiesel a partir de óleo de semente de algodão através das rotas metílica e etílica teve um desempenho satisfatório em ambos os casos. As propriedades físico-químicas de ambos os biodieseis eram muito semelhantes e cumpriam os limites especificados na norma EN 14214, com exceção da estabilidade oxidativa. Para ultrapassar este inconveniente, a adição de 300 mg de TBHQ foi suficiente para atingir o parâmetro de estabilidade oxidativa. Assim, a via etílica para a produção de biodiesel a partir de óleo de semente de algodão pode ser utilizada dentro de limites aceitáveis para a comercialização do biocombustível. Outra vantagem é a utilização do bioetanol para a produção de biodiesel, que é uma fonte menos tóxica e renovável e cuja produção está plenamente consolidada no Brasil.

L. Ranganathan *et al*[11] realizaram um estudo experimental de um motor diesel alimentado com biodiesel ótimo produzido a partir de óleo de semente de algodão. *Verificaram* que o biodiesel é o melhor substituto do petrodiesel e também tem mais vantagens do que o petrodiesel em termos de respeito pelo ambiente. A procura cada vez maior de energia e a tendência para a diminuição dos recursos petrolíferos levaram à procura de combustíveis alternativos renováveis e sustentáveis. Foram preparados vários parâmetros para otimizar o biodiesel produzido a partir de óleo de algodão por transesterificação e, em seguida, foram realizadas experiências para estudar as características de combustão e de emissões de um motor diesel a quatro tempos, monocilíndrico, de injeção direta e naturalmente aspirado. Os resultados mostraram que o biodiesel tinha fases de combustão semelhantes às do gasóleo, mas a combustão do biodiesel começava mais cedo. Foram calculados os parâmetros de combustão do motor, tais como a taxa de combustão, a taxa de libertação de calor e o atraso de ignição. A potência de saída do biodiesel foi quase idêntica à do gasóleo. A eficiência da travagem térmica foi inferior para o biodiesel devido ao seu menor valor calorífico. As emissões de NOx e CO2 do éster metílico de sementes de algodão e das suas misturas são ligeiramente superiores às do gasóleo, enquanto as concentrações de HC, CO e fuligem são inferiores. Com base neste estudo, o biodiesel pode ser utilizado como substituto do gasóleo em motores diesel.

A produção óptima de biodiesel a partir de CSO é determinada e, em seguida, é efectuado um estudo de combustão e de emissões de combustível diesel e de misturas de biodiesel num motor diesel com injeção direta, cujos resultados são resumidos a seguir:

1. °A produção máxima de biodiesel de 77,5 % foi alcançada com 20 % de metanol e 0,5 % de NaOH a 55 C de temperatura de reação.

2. A eficiência da travagem térmica do CSOME e das suas misturas é ligeiramente inferior à do gasóleo.

3. ₓAs emissões de NO e CO2 do éster metílico de sementes de algodão e das suas misturas são ligeiramente superiores às do gasóleo, enquanto as concentrações de HC, CO e fuligem são inferiores.

4. O atraso de ignição do CSOME e das suas misturas é inferior ao do gasóleo. O atraso da ignição diminui com o aumento da carga para todos os combustíveis. A taxa de pico de aumento da pressão é mais elevada para o gasóleo do que para o CSOME e as suas misturas. O pico da taxa de aumento da pressão ocorre mais cedo com o CSOME e as suas misturas do que com o gasóleo. A taxa de combustão é mais elevada para o gasóleo em comparação com o CSOME. A libertação de calor é maior no gasóleo, o que se deve à fase de pré-combustão intensiva. O ângulo de libertação máxima de calor ocorre mais cedo com o CSOME e as suas misturas do que com o gasóleo.

A partir da análise anterior, pode concluir-se que o óleo de algodão e as suas misturas são um substituto potencial do gasóleo. Produzem menos emissões do que o gasóleo mineral e têm propriedades de combustão e de emissão satisfatórias.

R. Anand *et al*[13] investigaram o desempenho e as emissões de um motor diesel de taxa de compressão variável alimentado com biodiesel de óleo de semente de algodão. Foi preparado um éster metílico de óleo de semente de algodão e misturado com gasóleo em quatro composições diferentes, variando de 5 % a 20 % em incrementos de 5 %. Os ensaios foram efectuados num motor diesel monocilíndrico com uma taxa de compressão variável a uma velocidade constante de 1500 rpm. A eficiência térmica mais elevada durante a travagem e o consumo específico de combustível mais baixo foram encontrados para uma mistura de 5% de biodiesel a uma taxa de compressão de 15 e 17 e para uma mistura de 20% de biodiesel a uma taxa de compressão de 19. A mistura de 20% de biodiesel a uma taxa de compressão de 17 apresentou uma emissão máxima de óxido de azoto de 205 ppm, em comparação com 155 ppm para o gasóleo. Foi observada uma redução significativa das emissões de monóxido de carbono e de fumo em toda a gama de taxas de compressão e de carga. Foram observadas propriedades de libertação de calor melhoradas para os biodieseis produzidos. Os resultados mostram que os biodieseis podem ser utilizados com segurança sem qualquer modificação do motor.

As conclusões experimentais do presente estudo podem ser resumidas da seguinte forma:

Verificou-se que o consumo específico de combustível para o gasóleo puro é o mais baixo em comparação com as misturas de biodiesel em todas as cargas. No entanto, a taxas de compressão mais baixas (15:1, 17:1), a mistura de biodiesel B5 tem o consumo específico de combustível mais baixo e, a uma taxa de compressão de 19:1, a B20 tem o consumo específico de combustível mais baixo em comparação com o gasóleo. A uma taxa de compressão de 15:1, o bsfc aumenta 2,5 % e 4,92 % para as misturas B5 e B20. A uma taxa de compressão de 17:1, a bsfc aumenta 3,5% para as misturas B5 e B10, enquanto a mistura B20 tem um consumo de combustível ligeiramente melhor a uma taxa de compressão de 19:1.

Verificou-se que a eficiência térmica durante a travagem aumenta com o aumento da taxa de compressão e que não há grande diferença entre a eficiência térmica das misturas de biodiesel e do gasóleo puro. No entanto, a cargas elevadas, verificou-se que o B5 tem a eficiência térmica mais elevada a uma taxa de compressão de 15:1 e o B20 a uma taxa de compressão de 19:1. A uma taxa de compressão de 17:1, o B10 e o B5 têm quase a mesma eficiência a plena carga. Os valores da eficiência térmica máxima variam entre 27,37-29,28% para as misturas COME-diesel e 26,65-27,92% para o gasóleo. As emissões máximas de NO aumentam proporcionalmente com a percentagem de oxigénio no biocombustível e com a taxa de compressão, com o valor mais elevado de 205 ppm para a mistura B20 e 197 ppm para o B5 a uma taxa de 17:1. Com uma taxa de compressão de 15:1, as emissões de NO são ligeiramente inferiores para todos os combustíveis e variam entre 75 ppm (B10) e 146 ppm (gasóleo).

A opacidade do fumo emitido pelas misturas de biodiesel é inferior à do gasóleo puro a baixas cargas e a taxas de compressão mais baixas. As emissões visíveis de fumo e de monóxido de carbono do biodiesel são reduzidas até 71,7 % e de 24 % a 63,6 %, respetivamente, em todas as cargas e taxas de compressão. As emissões de dióxido de carbono CO2 e o consumo de combustível são ligeiramente superiores com as misturas B5 e B10. A emissão de hidrocarbonetos não queimados (HC) é baixa para todos os combustíveis, entre 15 e 80 ppm, sendo que os valores das misturas COME gasóleo são ligeiramente inferiores aos do gasóleo.

As características gerais de combustão de todas as misturas foram semelhantes às do gasóleo em todas as taxas de compressão. A pressão de pico aumenta com o aumento da taxa de compressão para todas as misturas de biodiesel e para o gasóleo puro. A uma taxa de compressão de 17:1, o atraso de ignição para as misturas de biodiesel é mais curto do que para o gasóleo puro devido ao número de cetano mais elevado e a pressão de pico é mais elevada para o B20.

As misturas de biodiesel têm uma taxa de libertação de calor mais elevada do que o gasóleo mineral nas taxas de compressão de 17:1 e 19:1. O gasóleo apresenta a taxa de libertação de calor mais baixa na fase inicial e uma duração de combustão mais longa a 75 % de carga e a uma taxa de compressão de 15:1. No entanto, a libertação máxima de calor é a mesma para o gasóleo puro e para o B10 a esta taxa de compressão. As misturas de biodiesel também têm uma grande taxa negativa de libertação de calor devido ao efeito de arrefecimento do combustível líquido injetado no cilindro em todas as taxas de compressão.

A pressão de pico aumenta com o aumento da carga para todos os combustíveis em todas as taxas de compressão. As misturas têm um pico de pressão mais elevado do que o gasóleo puro a taxas de compressão mais elevadas (17:1 e 19:1), e a mistura B20 tem o pico de pressão mais elevado, que diminui com a diminuição do teor de biodiesel em todas as taxas de compressão; uma conclusão prática geral é que todas as misturas de biodiesel testadas podem ser utilizadas com segurança sem modificações no motor. As misturas de ésteres metílicos de sementes de algodão podem, por conseguinte, ser utilizadas com êxito.

Y. Zhang *et al*[4] apresentaram um relatório sobre a produção de biodiesel a partir de óleos alimentares usados. Foram desenvolvidos quatro fluxos de processos contínuos diferentes para a produção de biodiesel a partir de óleo vegetal virgem ou de óleo alimentar usado em condições alcalinas ou ácidas à escala comercial. Foram desenvolvidas condições de funcionamento e conceitos de equipamento pormenorizados para cada processo. Foi efectuada uma avaliação tecnológica destes quatro processos para determinar as suas vantagens e limitações técnicas. A análise mostrou que o processo catalisado por álcali, usando óleo vegetal virgem como matéria-prima, requer o menor e mais pequeno equipamento de processo, mas tem custos de matéria-prima mais elevados do que os outros processos. Ao utilizar óleo alimentar usado para a produção de biodiesel, os custos das matérias-primas podem ser reduzidos. O processo catalisado por ácido utilizando óleo alimentar usado provou ser tecnicamente viável e menos complexo do que o processo catalisado por álcali utilizando óleo alimentar usado, tornando-o uma alternativa competitiva à produção comercial de biodiesel utilizando o processo catalisado por álcali.

Md. Nurun Nabi et al[2] apresentaram um relatório sobre a produção de biodiesel a partir de óleo de semente de algodão e os seus efeitos no desempenho do motor e nas emissões de escape. A utilização de biodiesel está a aumentar rapidamente em todo o mundo, pelo que é essencial uma compreensão abrangente dos efeitos do biodiesel no processo de combustão dos motores diesel e na formação de poluentes. O biodiesel é conhecido como um éster monoalquílico de ácidos gordos de cadeia longa derivado de matérias-primas renováveis, como óleos vegetais ou gorduras animais, e destina-se a ser utilizado em motores de ignição por compressão. Na primeira fase deste estudo, foram investigados vários parâmetros para a otimização da produção de biodiesel, enquanto na fase seguinte do estudo foram realizados ensaios de desempenho de um motor diesel com combustível diesel puro e misturas de biodiesel. O biodiesel foi produzido pelo conhecido processo de transesterificação. Os resíduos de óleo de semente de algodão (CSO) foram seleccionados para a produção de biodiesel. Os resultados da transesterificação mostraram que a produção de biodiesel variava consoante o catalisador, o metanol ou o etanol. Com 20 % de metanol na presença de 0,5 % de hidróxido de sódio, foi produzido um máximo de 77 % de biodiesel. Os resultados do ensaio do motor mostraram que as emissões de escape, incluindo o monóxido de carbono (CO), as partículas (PM) e as emissões de fumo, foram reduzidas com todas as misturas de biodiesel. No entanto, observou-se um ligeiro aumento das emissões de óxido de azoto (NOx) com as misturas de biodiesel.

Neste trabalho, investigou-se a produção de biodiesel a partir de óleo de algodão e o desempenho de motores diesel que utilizam combustível diesel e misturas de biodiesel. Os resultados deste relatório são resumidos da seguinte forma:

1. O biodiesel foi produzido a partir de óleo de semente de algodão por transesterificação.

2. °Um máximo de 77% de produção de BD foi encontrado com 20% de metanol e 0,5% de NaOH a 55 C de temperatura de reação.

3. As misturas de biodiesel apresentaram emissões de monóxido de carbono, de partículas e de fumo inferiores às do gasóleo puro. As emissões de NOx das misturas de biodiesel apresentaram valores mais elevados em comparação com o gasóleo puro. Em comparação com o gasóleo puro, as misturas de biodiesel a 10% reduziram as emissões de partículas e de fumo em 24% e 14%, respetivamente. As misturas de biodiesel (30%) reduziram as emissões de monóxido de carbono em 24%, enquanto as emissões de NOx aumentaram em 10% para a mesma mistura. A razão para a redução das três emissões (partículas, fumo e monóxido de carbono) e o aumento das

emissões de NOx para as misturas de biodiesel deveu-se principalmente à presença de oxigénio na sua estrutura molecular. A baixa proporção de aromáticos nas misturas de biodiesel pode também ser outra razão para a redução destas emissões.

4. A eficiência térmica das misturas de biodiesel foi ligeiramente inferior à do gasóleo puro devido ao menor poder calorífico das misturas. No entanto, a volatilidade, a maior viscosidade e a maior densidade podem ser outras razões para a redução da eficiência das misturas de biodiesel.

Christos E. Papadopoulos *et al*[3] relataram a otimização da qualidade (propriedades críticas) do biodiesel de semente de algodão através da modificação da composição FAME utilizando hidrogenação homogénea altamente selectiva. A hidrogenação catalítica (homogénea) dos ésteres metílicos de ácidos gordos poli-insaturados (FAME) do biodiesel sintetizado por transesterificação de óleo vegetal (óleo de semente de algodão) pode melhorar seletivamente a qualidade final do biodiesel para FAME monoinsaturados. O combustível final pode ser optimizado para ter um índice de cetano mais elevado e uma melhor estabilidade à oxidação. O desempenho a baixas temperaturas após a hidrogenação pode ser mais fraco, mas pode ser melhorado através da invernização selectiva e/ou da mistura. A hidrogenação homogénea de FAMEs a partir de biodiesel de sementes de algodão foi catalisada pelo precursor catalítico RhCl3.3H20 e STPP-TiOA. Foram realizados quatro grupos de experiências de hidrogenação relativamente aos efeitos da pressão, temperatura, tempo de reação e razão molecular C=C/Rh. A hidrogenação parcial de FAMEs de sementes de algodão teve lugar em condições de pressão e temperatura moderadas, tendo sido observadas actividades catalíticas elevadas em tempos de reação muito curtos e com rácios moleculares C=C/Rh elevados. Com base nos modelos empíricos existentes para as propriedades do biodiesel, foram realizados estudos de otimização da qualidade do biodiesel para identificar as composições ideais de FAME e as condições de hidrogenação que poderiam potencialmente produzi-las.

A hidrogenação parcial dos diferentes biodieseis à base de óleos vegetais pode oferecer uma enorme variedade de misturas de FAME e, por conseguinte, possibilidades de mistura para a sua posterior otimização. Existem vários modelos na literatura para a previsão das propriedades do FAME de biodiesel, mas a maioria deles são modelos lineares simplificados e gerais destas propriedades, que não são capazes de abranger a variedade de condições possíveis. Por isso, podem apresentar diferenças significativas nos seus resultados quando comparados em diferentes condições. Uma das principais razões para este facto é que a maioria, se não todas, as propriedades em questão são, em última análise, não aditivas e, por conseguinte, os efeitos não lineares podem desempenhar um papel importante em muitos casos. No passado, os autores analisaram esses efeitos não lineares

Pretendem aplicar estes modelos a outras misturas e propriedades num futuro próximo e desenvolver modelos mais específicos para estas misturas.

Ayhan Demirbas[5] apresentou um relatório sobre os progressos e as últimas tendências no domínio dos combustíveis biodiesel. Os recursos de combustíveis fósseis estão a diminuir de dia para dia. Os combustíveis biodiesel estão a ganhar cada vez mais atenção em todo o mundo como componente de mistura ou substituto direto do gasóleo nos motores dos veículos. O combustível biodiesel consiste geralmente em ácidos gordos de baixo teor de alquilo (comprimento de cadeia C14-C22), ésteres de álcoois de cadeia curta, principalmente metanol ou etanol. São conhecidos vários processos para a produção de biodiesel a partir de óleo vegetal, por exemplo, utilização direta e mistura, microemulsificação, pirólise e transesterificação. Entre estes, a transesterificação é uma técnica atractiva e amplamente aceite. O objetivo do processo de transesterificação é reduzir a viscosidade do óleo. As variáveis mais importantes que afectam o rendimento em ésteres metílicos na reação de transesterificação são a razão molar entre o álcool e o óleo vegetal e a temperatura de reação. O metanol é o álcool mais comummente utilizado neste processo, em parte devido ao seu baixo custo. Os ésteres metílicos de óleos vegetais têm várias vantagens notáveis em relação a outras alternativas de combustível novas, renováveis e limpas. O combustível biodiesel é um combustível renovável que substitui o gasóleo de petróleo ou o petrodiesel, produzido a partir de gorduras vegetais ou animais; pode ser utilizado em qualquer mistura com o petrodiesel, uma vez que tem propriedades muito semelhantes, mas tem emissões de escape mais baixas. O combustível biodiesel tem melhores propriedades do que o petrodiesel; é renovável, biodegradável, não tóxico e essencialmente isento de enxofre e aromáticos. O biodiesel parece ser um combustível viável para o futuro; recentemente ganhou força devido aos seus benefícios ambientais. O biodiesel é um combustível amigo do ambiente que pode ser utilizado em qualquer motor diesel sem qualquer modificação.

Os combustíveis alternativos para motores diesel estão a tornar-se cada vez mais importantes devido à diminuição das reservas de petróleo e às crescentes preocupações ambientais, tornando os combustíveis renováveis uma alternativa extremamente atractiva para o futuro. O biodiesel é produzido a partir de uma variedade de óleos vegetais comestíveis e não comestíveis, gorduras animais, óleo de fritura usado e óleo alimentar usado. Atualmente, são utilizados como óleos comestíveis a soja, o girassol, a colza e a palma. Os óleos não comestíveis utilizados como matéria-prima para a produção de biodiesel incluem J. curcas, M. indica, F. elastica, A. indica, C. inophyllum jatropha, neem, P. pinnata, sementes de borracha, mahua, serralha, resíduos de cozinha, microalgas, etc. A transesterificação é uma reação química entre triglicéridos e álcool na presença de um catalisador ou sem catalisador. O objetivo do processo de transesterificação é reduzir a viscosidade do óleo. O metanol é o álcool mais barato normalmente utilizado para a reação de transesterificação. Na reação de transesterificação podem ser utilizados catalisadores homogéneos, como o ácido sulfúrico, o hidróxido de sódio, o hidróxido de potássio e catalisadores heterogéneos, como o óxido de cálcio, o óxido de magnésio e outros. Os processos de transesterificação não catalisados são o processo BIOX e o processo com álcool supercrítico (metanol). A vantagem da utilização do biodiesel reside nas menores emissões de gases de escape em termos de monóxido de carbono, hidrocarbonetos, partículas, compostos de hidrocarbonetos aromáticos policíclicos e compostos de hidrocarbonetos aromáticos policíclicos nitrificados. As principais vantagens do biodiesel identificadas na literatura incluem a sua origem nacional, o seu potencial para reduzir a dependência de uma dada economia das importações de petróleo, a sua biodegradabilidade, o seu elevado ponto de inflamação e a sua lubricidade inerente em estado puro. A política do biodiesel ajudará a reduzir as importações de petróleo e a poupar divisas. O elevado ponto de inflamação do biodiesel facilita o seu armazenamento e transporte. As principais desvantagens do biodiesel são a sua maior viscosidade, menor teor energético, maior ponto de turvação e ponto de fluidez, maiores emissões de óxidos de azoto, menor velocidade e potência do motor, coqueificação do injetor, compatibilidade do motor e preço elevado. As misturas de até 20% de biodiesel com gasóleo de petróleo podem ser utilizadas em quase todos os equipamentos a gasóleo e são compatíveis com a maioria dos equipamentos de armazenamento e distribuição. O biodiesel pode ser utilizado diretamente ou misturado com gasóleo num motor diesel. O biodiesel é um combustível biodegradável e renovável. Não contribui com dióxido de carbono ou enxofre para a atmosfera e emite menos poluentes gasosos do que o gasóleo normal. O monóxido de carbono, os compostos aromáticos, os hidrocarbonetos aromáticos policíclicos (HAP) e as emissões de hidrocarbonetos parcialmente queimados ou não queimados são reduzidos nos veículos que funcionam com biodiesel. Recentemente, o biodiesel tem recebido uma atenção crescente devido ao seu menor impacto ambiental e ao facto de ser uma fonte de energia renovável, ao contrário do gasóleo convencional, que é um combustível fóssil que pode levar a um potencial esgotamento. O biodiesel tornou-se recentemente mais atrativo devido aos seus benefícios ambientais. O biodiesel é um combustível amigo do ambiente que pode ser utilizado em qualquer motor diesel sem qualquer modificação. Os combustíveis biodiesel são geralmente não tóxicos e biodegradáveis, o que pode favorecer a sua utilização em aplicações em que a biodegradabilidade é desejável. O biodiesel puro e as misturas de biodiesel reduzem as emissões de partículas (PM), hidrocarbonetos (HC) e monóxido de carbono (CO) e

aumentam ligeiramente as emissões de óxido de azoto (NOx) em comparação com o combustível para motores diesel à base de petróleo utilizado num motor diesel não modificado. O desempenho de travagem do biodiesel foi quase igual ao do petrodiesel, enquanto o consumo específico de combustível foi superior ao do petrodiesel. Os depósitos de carbono no motor eram normais, com exceção dos depósitos nas válvulas de admissão. Os combustíveis biodiesel podem ser utilizados como aditivos para melhorar o desempenho em motores de ignição por compressão. Os ensaios de desempenho mostraram que o desempenho de todas as amostras de biodiesel diminuiu e o consumo específico de combustível aumentou em comparação com o combustível para motores diesel, sendo a magnitude das alterações diretamente proporcional ao menor teor energético do biodiesel.

A. Siva Kumar[10] relatou uma comparação do desempenho e das emissões de motores diesel com óleo de semente de algodão não modificado e transesterificado. Na Índia, há um interesse crescente em encontrar combustíveis alternativos adequados que sejam amigos do ambiente. As preocupações ambientais e os recursos petrolíferos limitados alimentaram o interesse no desenvolvimento de combustíveis alternativos para motores de combustão interna. Como alternativa, o biodiesel biodegradável, renovável e sem enxofre está a atrair cada vez mais atenção. A utilização de biodiesel está a aumentar rapidamente em todo o mundo, pelo que é essencial uma compreensão abrangente dos efeitos do biodiesel no processo de combustão do motor diesel e na formação de poluentes. O biodiesel é conhecido como um éster monoalquílico de ácidos gordos de cadeia longa derivado de matérias-primas renováveis, como óleos vegetais ou gorduras animais, e destina-se a ser utilizado em motores de ignição por compressão. Por conseguinte, na primeira fase deste estudo, foram investigados vários parâmetros para a otimização da produção de biodiesel, enquanto na fase seguinte do estudo foram realizados ensaios de desempenho de um motor diesel com combustível diesel puro e misturas de biodiesel. O biodiesel foi produzido através do conhecido processo de transesterificação. O óleo de semente de algodão (CSO) foi selecionado para a produção de biodiesel. Os resultados da transesterificação mostraram que a produção de biodiesel variava com a variação do catalisador e do metanol. No entanto, neste trabalho são propostas as condições ópticas para a produção de biodiesel. Foi produzido um máximo de 76% de biodiesel com 20% de metanol na presença de 0,5% de metóxido de sódio. Os resultados do ensaio do motor mostraram que as emissões de escape, incluindo monóxido de carbono (CO), partículas (PM) e emissões de fumo, foram reduzidas para todas as misturas de biodiesel.

No entanto, observou-se um ligeiro aumento das emissões de óxido de azoto (NOx) com as misturas de biodiesel.

O éster metílico de óleo de semente de algodão (CSOME) foi produzido por transesterificação a partir de óleo de semente de algodão, que pode ser descrito como uma fonte de energia renovável. A viscosidade do CSOME foi reduzida por pré-aquecimento antes de ser introduzido no motor de ensaio. Após a determinação das propriedades do combustível CSOME, foram analisados vários parâmetros de desempenho do motor e as emissões de escape, que foram comparados com os do combustível diesel.

A.P. Sathiyagnanam[9] apresentou estudos experimentais sobre as características de combustão e o desempenho de um motor de injeção direta alimentado com misturas de biodiesel/diesel. O biodiesel é um combustível diesel alternativo que pode ser produzido a partir de vários tipos de óleos vegetais. É um combustível oxigenado, não tóxico, isento de enxofre, biodegradável e renovável e pode ser utilizado em motores diesel sem grandes modificações. No entanto, o desempenho, as emissões e as características de combustão do mesmo biodiesel diferem consoante o tipo de motor. O biodiesel produzido a partir de óleo de semente de algodão foi produzido por um método de transesterificação e as suas misturas de 10, 15 e 20 por cento em volume com combustível diesel convencional. Foram investigados os efeitos da mistura de biodiesel com gasóleo no desempenho, nas emissões e nas características de combustão de um motor naturalmente aspirado com injeção direta e ignição por compressão. O biodiesel tem propriedades diferentes do gasóleo. Em comparação com o gasóleo, observou-se um pequeno aumento do consumo específico de combustível e da eficiência térmica durante a travagem para o biodiesel e as suas misturas. Observou-se uma melhoria significativa na redução das emissões de hidrocarbonetos e de fumo para o biodiesel e suas misturas a cargas elevadas do motor. Não se registaram variações óbvias no monóxido de carbono para nenhum dos combustíveis testados.

As emissões de óxido de azoto (NOx) foram ligeiramente superiores para o biodiesel e as suas misturas. A melhoria significativa na redução de NOx e um ligeiro aumento de CO2 e O2 foram observados com a utilização da redução catalítica selectiva. O biodiesel e as suas misturas apresentaram fases de combustão semelhantes às do gasóleo. A utilização de óleo de semente de algodão transesterificado pode substituir parcialmente o gasóleo na maioria das condições de funcionamento em termos de parâmetros de desempenho e emissões sem qualquer modificação do motor.

Ayhan Demirbas[7] apresentou um estudo sobre a importância do biodiesel como combustível para os transportes. Devido à escassez de reservas de petróleo conhecidas, os recursos energéticos renováveis estão a tornar-se cada vez mais atractivos. A melhor forma de satisfazer esta procura crescente é utilizar combustíveis alternativos. O biodiesel é definido como um éster monoalquílico de óleos vegetais ou gorduras animais. O biodiesel é o melhor candidato a combustível para motores diesel. A maior vantagem do biodiesel em relação à gasolina e ao gasóleo mineral é o seu respeito pelo ambiente. O biodiesel arde de forma semelhante ao gasóleo de petróleo em termos de poluentes regulamentados. Por outro lado, o biodiesel tem provavelmente uma melhor eficiência do que a gasolina. O biodiesel é um combustível com grande potencial para os motores de ignição por compressão. O gasóleo também pode ser substituído por biodiesel, que é produzido a partir de óleos vegetais. Atualmente, o biodiesel é produzido principalmente a partir de óleo de soja, de colza e de palma. Os valores caloríficos superiores do biodiesel são relativamente elevados. O poder calorífico superior do biodiesel (39-41 MJ/kg) é ligeiramente inferior ao da gasolina (46 MJ/kg), do petrodiesel (43 MJ/kg) ou do petróleo bruto (42 MJ/kg), mas superior ao do carvão (32-37 MJ/kg). O preço do biodiesel é mais do dobro do preço do petrodiesel. O fator económico mais importante a ter em conta nos custos de entrada para a produção de biodiesel são as matérias-primas, que representam cerca de 80 % dos custos operacionais totais. O elevado preço do biodiesel deve-se em grande medida ao elevado preço da matéria-prima. Os benefícios económicos de uma indústria de biodiesel incluem o valor acrescentado à matéria-prima, o aumento do emprego na indústria transformadora rural, o aumento dos impostos sobre o rendimento e o investimento em instalações e equipamento.

CAPÍTULO 3

Materiais e métodos

3.1 Objetivo

O biodiesel, um combustível alternativo, é obtido a partir das gorduras de animais e plantas. À medida que a procura de energia aumenta e os combustíveis fósseis são limitados, a investigação está a centrar-se em combustíveis alternativos renováveis. As principais vantagens deste combustível alternativo são a sua capacidade de renovação, a sua biodegradabilidade e a melhor qualidade dos gases de escape. É uma alternativa tecnicamente competitiva e amiga do ambiente ao petrodiesel convencional para utilização em motores de compressão. A utilização de biodiesel reduz a dependência de combustíveis fósseis importados, que estão a tornar-se menos disponíveis e acessíveis. Os óleos vegetais para a produção de biodiesel variam muito em função do clima e da disponibilidade de matérias-primas. Geralmente, o óleo vegetal mais abundante numa determinada região é utilizado como matéria-prima. Atualmente, a maior parte do biodiesel comercial é produzida por transesterificação de óleo vegetal utilizando um catalisador básico (KOH). No presente relatório, o biodiesel é produzido a partir de resíduos de óleo de semente de algodão. Foram produzidas três misturas diferentes de biodiesel, nomeadamente B10, B15 e B20. Estas três misturas foram queimadas num motor de ignição por compressão (C.I.). $_x$Foram medidas as características de desempenho, como a potência de travagem (B.P.), o consumo específico de combustível na travagem (BSFC) e a eficiência térmica na travagem, bem como as características de emissão, como a formação de óxido de azoto (NO), monóxido de carbono (CO) e hidrocarbonetos não queimados (HC) nos fumos. Estas características de desempenho e de emissões foram depois comparadas com as do petro-diesel.

3.2 Metodologia a adotar

O trabalho proposto pode ser dividido nas seguintes etapas

1. Produção de biodiesel.

2. Adição de biodiesel ao petro-diesel.

3. Parâmetros de desempenho.

4. Características de emissão.

5. Comparação das características de desempenho e de emissões do biodiesel com as do petrodiesel.

   Em primeiro lugar, deve ser recolhida uma amostra de óleo de algodão usado em várias fontes. Esta amostra de sementes de algodão será levada para o MERADO (engenharia mecânica).

O parâmetro mais importante para qualquer amostra de óleo vegetal ou gordura animal a converter em biodiesel é verificar o valor de AGL (ácidos gordos livres). O valor de AGL deve ser inferior a 0,5 para qualquer amostra de óleo vegetal ou gordura animal a converter em biodiesel. Se o valor de AGL de uma amostra for superior a 0,5, esta não pode ser convertida em biodiesel, pelo que é rejeitada. Se o valor de AGL for igual ou inferior a 0,5, apenas esta pode ser convertida em biodiesel. Caso contrário, o valor dos ácidos gordos livres também pode ser reduzido até certo ponto utilizando um ácido como o ácido clorídrico (HCL). Pegar agora na quantidade necessária da amostra de óleo de semente de algodão da cozinha e converter esta amostra de óleo de semente de algodão da cozinha em biodiesel através do processo conhecido como transesterificação. Depois de o biodiesel ser produzido através da transesterificação, a viscosidade é o parâmetro mais importante a testar para o utilizar como combustível num motor de combustão interna. A viscosidade do biodiesel deve ser igual ou inferior a 5,0 centistokes (cSt) para ser utilizado como combustível em motores de combustão interna. O rendimento do biodiesel a partir de resíduos de óleo de semente de algodão também deve ser testado quanto à sua adequação.

Depois de o biodiesel ter sido produzido, são produzidas três amostras diferentes de mistura deste biodiesel, ou seja, B10, B15 e B20. B10 significa que a amostra contém 10 % de biodiesel e 90 % de petrodiesel, ou seja, B15 e B20. A curto prazo, uma mistura até B20 pode ser utilizada diretamente num motor de combustão interna sem quaisquer modificações adicionais no motor. No entanto, a partir de B20, é necessário efetuar algumas alterações no motor para a utilizar como combustível num motor de combustão interna.

3.3 Estimativa das propriedades do biodiesel produzido

Após a produção do biodiesel, as propriedades do biodiesel foram determinadas utilizando vários métodos. Foram testadas as seguintes propriedades

1.   Densidade
2.   Viscosidade cinemática
3.   Ácidos gordos livres (AGL)
4.   Resíduos de carbono
5.   Ponto de nuvem
6.   Pourpoint

7.   Ponto de inflamação

8.   Lareira

9.   Poder calorífico

Quadro 3.1, Métodos normalizados de cálculo das propriedades [20]

Property	Method used
Kinematic viscosity	IS: 1448 [P: 25] 1976
Flash point and fire point	IS: 1448 [P: 32]: 1992
Ash content	ASTM D482-IP 4 of IIP
Cloud point and pour point	IS: 1448 [P: 10]: 1970
Carbon residue	ASTM D189-IP 13 of IIP
Calorific value	IS: 1350

Quadro 3.2, Dispositivos de cálculo das propriedades [MERADO, Ldh]

Property	Apparatus used
Density	Weighing balance
Kinematic viscosity	Redwood viscometer
Flash point	Flash and fire point apparatus
Fire point	Flash and fire point apparatus
Ash content	Muffle furnace
Cloud point	Cloud and pour point apparatus
Pour point	Cloud and pour point apparatus
Carbon residue	Carbon residue (rams bottom) apparatus
Calorific value	Bomb calorimeter

Tabela 3.3, Propriedades comparativas do petrodiesel e do biodiesel

Property of oil	ASTM Standard	Diesel	Biodiesel B100 (from Waste CSO)
Density (30°C), kg/m^3	-	850	910
Kinematic viscosity, cSt	<5	2.049	3.6
FFA, %	<2.5	-	0.112
Carbon residue, %(m/m)	<0.05	0.0214	0.0112
Cloud point, ^{o}C	-3 to 12	<10	-3
Pour Point, ^{o}C	-15 to 10	-6	-8
Flash point, ^{o}C	>130	78	160
Fire point, ^{o}C	>53	83	165
Calorific value, KJ/kg	>33000	42000	40000

3.4 Procedimentos de ensaio de motores [Dados do Laboratório de Motores de Combustão Interna e do Centro de Investigação e Desenvolvimento da Universidade de Thapar Patiala]

Para este estudo, é utilizado um motor diesel monocilíndrico a quatro tempos com uma taxa de compressão variável. As especificações pormenorizadas do motor utilizado são indicadas no Quadro 3.4 e a configuração do ensaio é mostrada a seguir. O analisador de fumos AVL 437 é utilizado para medir a opacidade dos fumos dos gases de escape emitidos pelo motor diesel. O analisador de cinco gases AVL DiGas 4000 foi utilizado para medir a concentração das emissões gasosas, tais como óxidos de azoto, hidrocarbonetos não queimados, opacidade dos fumos e monóxido de carbono. Os ensaios de desempenho e de emissões foram efectuados no motor C.I. utilizando várias misturas de biodiesel e de gasóleo como combustíveis. Os ensaios são efectuados a uma velocidade constante de 1500 rpm e a várias cargas. Os dados de ensaio obtidos são documentados e visualizados através de gráficos adequados. O objetivo destes ensaios é otimizar a concentração de ésteres a utilizar na mistura biodiesel-diesel para o ensaio de 1 hora de funcionamento do motor. Em cada ensaio, são medidos os parâmetros do motor relacionados com o desempenho térmico do motor, como a potência de travagem, a eficiência térmica de travagem, o consumo específico de combustível de travagem, a temperatura dos gases de escape e a carga aplicada. Além disso, medem-se também os parâmetros de emissão do motor, como os óxidos de azoto, os hidrocarbonetos não queimados, a opacidade dos fumos e o monóxido de carbono.

Motor diesel monocilíndrico a 4 tempos com taxa de compressão variável

Motor 3.4.1 Dados técnicos do motor

As características de desempenho foram determinadas num motor diesel com compressão variável.

Os dados técnicos do motor são os seguintes

Quadro 3.4, Dados técnicos do motor [Laboratório de Motores de Combustão Interna, TU]

Engine	4 stroke, Variable compression diesel engine
No. of cylinders	Single cylinder
Cooling media	Water cooled
Rated capacity	3.5 kW @ 1500 RPM
Cylinder diameter	87.5 mm
Stroke length	110 mm
Connecting rod length	234 mm
Compression ratio	12:1-18:1
Orifice diameter	20 mm
Dynamometer	Eddy current dynamometer
Dynamometer arm length	145 mm

3.5 Dinamómetro de correntes parasitas

É constituído por um estator, no qual está montada uma série de electroímanes, e por um disco de rotor de cobre, que está ligado ao eixo de saída do motor. Quando o rotor gira, são geradas correntes de Foucault no estator devido ao fluxo magnético criado pela passagem da corrente de campo no eletroíman. Estas correntes de Foucault são dissipadas pela produção de calor, razão pela qual este dinamómetro necessita de um dispositivo de arrefecimento. O binário é medido por meio de um braço de binário. A carga é controlada através da regulação da corrente nos electroímanes. Para este estudo, foi utilizado um dinamómetro de correntes de Foucault SAJ AG 20. A força do dinamómetro foi medida com uma célula de carga extensométrica. Este dinamómetro SAJ é constituído por um rotor montado num veio que roda numa caixa apoiada em rolamentos de esferas que fazem parte da placa de base da máquina. Na caixa estão montadas duas bobinas de campo ligadas em série. Quando estas bobinas são alimentadas com corrente contínua, é gerado um campo magnético na caixa através do espaço de ar em ambos os lados do rotor. Quando o rotor roda no campo magnético, são induzidas correntes de Foucault que criam um efeito de travagem entre o rotor e a caixa. O binário exercido sobre a caixa é medido pela célula de carga extensométrica, instalada na ligação de suporte entre a caixa e a placa de base do dinamómetro.

Dinamómetro de correntes parasitas

3.6 Painel de controlo

O painel de controlo estava equipado com um rotâmetro, uma indicação da temperatura de entrada da água no motor, uma indicação da temperatura de saída da água no motor e uma indicação da temperatura de saída da água.

do calorímetro, do interrutor de carga e do indicador de velocidade.

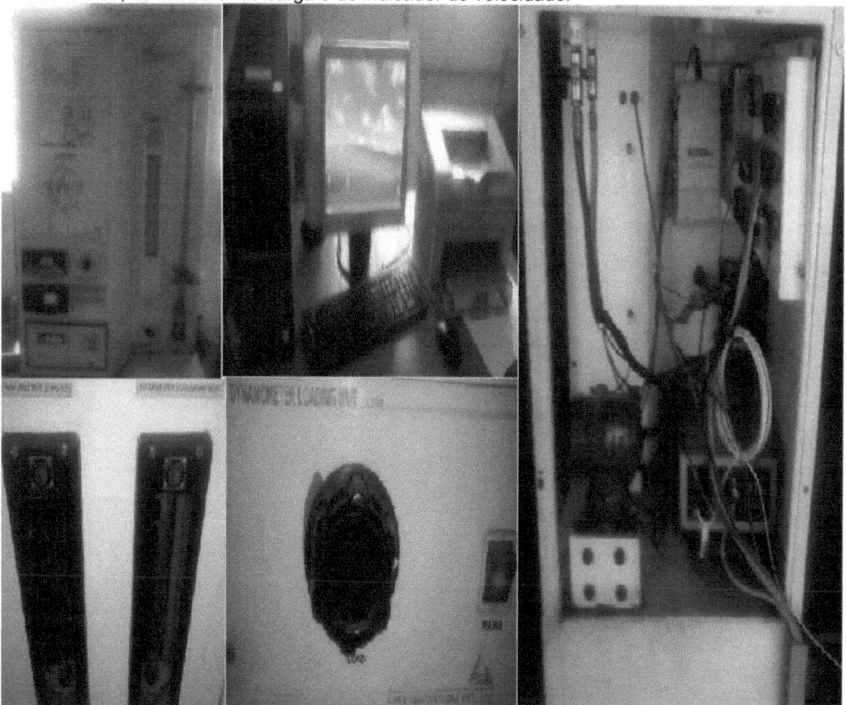

Painel de controlo de um motor de ignição por compressão computorizado

3.7 Software

O software foi especialmente desenvolvido pela M/S Apex Innovations Pvt. Ltd. Sangli, para os estudantes de engenharia demonstrarem o funcionamento dos motores I.C. e estudarem os efeitos de vários parâmetros no desempenho do motor. O software é totalmente configurável. Antes de instalar o software, deve assegurar-se que o computador existente preenche os requisitos indicados no manual. Estes requisitos mínimos são os seguintes

1) P-II ou processador equivalente, 2) disco rígido de 2 GB, 3) 64 MB de RAM, 4) CD-ROM, 5) monitor a cores, rato, teclado, impressora, etc., 6) ranhura livre na placa principal para a instalação

de uma placa ADC/DCA, 7) sistema operativo "Windows 98".

3.8 Requisitos de instalação da máquina

É determinada uma área adequada (3800 L x 5000 P x 2000 H), incluindo o espaço de movimento, para a instalação do sistema e são construídas fundações simples em PCC, de acordo com os requisitos da máquina. A alimentação eléctrica (230V, monofásica, 5A, carga máxima 1kW, duas fichas) para a máquina e o computador (através do estabilizador) será instalada. Instala-se o abastecimento de água (capacidade de 1000 LPH) com tubo de % de polegada e tubo de drenagem com ligação de 1". É instalada uma válvula de contrapressão no tubo de combustão para regular a pressão de acordo com os requisitos do contador de gases de combustão. O tubo de gases de combustão é prolongado até à parede mais próxima, de modo a que os gases de combustão sejam descarregados para a atmosfera no exterior do laboratório. Além disso, é utilizada uma ventoinha de exaustão para manter o laboratório livre de gases de exaustão.

Medidas de precaução

1. Antes de ligar o motor, verifique se todas as porcas e parafusos estão devidamente apertados e certifique-se de que o nível de óleo no motor está correto.

2. Durante o ensaio, uma falha de energia pode desligar a bomba de circulação da água de arrefecimento. Isto desliga a água de arrefecimento do motor, o medidor de potência e o sensor piezoelétrico. Neste caso, o motor deve ser desligado imediatamente. Deste ponto de vista, nunca deixe o motor sem vigilância.

3. Utilizar água limpa; as partículas em suspensão podem entupir a tubagem e o flutuador do rotâmetro.

4. Os sensores de pressão do ângulo da manivela e outros sensores são instrumentos sensíveis e devem ser manuseados com cuidado.

3.9 Metodologia experimental

Inicialmente, os ensaios são efectuados com gasóleo (para obter os dados básicos do motor) e, em seguida, com éster metílico de óleo de semente de algodão e as suas várias misturas. $_x$O desempenho do motor é analisado em termos de eficiência térmica, consumo específico de energia, temperatura dos gases de escape e emissões do motor em termos de fumos, HC, CO e NO . A viabilidade económica também é determinada.

Procedimento experimental

1. Todas as ligações eléctricas foram verificadas e os aparelhos foram devidamente ligados à terra.

2. O abastecimento de água foi assegurado no reservatório de água principal.

3. A quantidade de combustível selecionada de cerca de 2 litros foi colocada no depósito de

combustível e o botão de controlo do combustível foi colocado na posição normal.

4. A bomba de água foi ligada. O caudal da água de arrefecimento foi testado a 300 LPH para o motor e 80 LPH para o calorímetro. Este caudal foi mantido durante todo o ensaio. Foi assegurado um caudal de água adequado para arrefecer o dinamómetro e o sensor piezoelétrico.

5. A alimentação eléctrica do computador foi iniciada através do estabilizador e o software do motor foi aberto.

6. Os dois interruptores de rede do aparelho foram ligados e o seletor de canais foi colocado na posição "7" (carga). A carga foi colocada na posição mínima com o botão rotativo.

7. O detetor de fumo e o analisador de 5 gases foram alimentados com energia eléctrica.

8. O arranque do motor era efectuado rodando o manípulo e accionando a alavanca de descompressão. Deixa-se o motor a funcionar com a carga mínima e aquece-se simultaneamente o contador de fumos e o analisador de gases.

9. As propriedades do combustível (poder calorífico e peso específico) foram alteradas no software, na opção de configuração, de acordo com o combustível selecionado para o ensaio.

10. A opção "Run" foi selecionada no software. Deixou-se o motor funcionar durante quinze minutos para permitir a sua estabilização. Assegurou-se que o medidor de fumos e o analisador de gases atingiam as suas leituras padrão e, em seguida, colocou-se o interrutor de alimentação de combustível na posição de medição. Seleccionou-se a opção de registo do software. Após um minuto, o visor mudou para o modo de entrada e, em seguida, foram introduzidos no software os valores do caudal de água na camisa de arrefecimento e no calorímetro, bem como o nome do ficheiro (apenas se aplica à primeira medição). O primeiro valor medido para o motor é registado para o estado sem carga. O regulador de combustível foi colocado de novo na posição normal.

11. Abriu-se a pega da ligação dos gases de combustão para inserir a sonda de recolha de amostras de gás do analisador de 5 gases. A sonda foi introduzida. $_x$O modo NO do aparelho foi selecionado entre

no ecrã. Uma vez estabilizado o valor medido, as impressões foram criadas seleccionando a opção de impressão. O nome do combustível e o valor da carga foram registados na impressão para referência futura.

12. A válvula da ligação do detetor de fumo foi aberta. A contrapressão foi regulada para 75 mm Hg. Fechando a válvula de contrapressão, as medições dos fumos foram efectuadas quando o valor se estabilizou. A referência do combustível e o valor da carga foram registados na impressão para referência futura.

13. A carga foi gradualmente alterada para 1 bar BMEP rodando o botão de carga e observando o valor da carga no monitor. Deixou-se o motor funcionar durante 10 minutos para estabilizar com a

nova carga. Após a estabilização, o botão de combustível foi rodado de novo para a posição de medição e seleccionou-se a opção de registo do software. Um minuto após a conclusão do registo do combustível, adicionou-se a água de arrefecimento, aumentou-se o caudal do calorímetro e voltou-se a rodar o botão de controlo do combustível para a posição normal. Os valores medidos no analisador de 5 gases e no contador de fumos foram determinados conforme descrito acima.

14. O procedimento foi repetido para cargas de 0, 2, 4 e 6 kg.

15. A carga foi reduzida gradualmente até ao mínimo (sem carga), certificando-se de que a velocidade não ultrapassava as 1550 rpm e que o motor conseguia estabilizar.

16. Os ficheiros foram guardados com os nomes correspondentes.

17. O motor e o computador foram desligados.

18. As bombas de água foram deixadas ligadas durante 15 minutos para que o motor pudesse arrefecer e, em seguida, a bomba foi desligada.

3.10   Medição da potência do motor e dos parâmetros das emissões de escape

O motor CI computorizado foi fornecido juntamente com um sistema digital de aquisição de dados de alta velocidade pela Apex Innovations Pvt. Ltd. em Sangli, Índia. Um dinamómetro de correntes de Foucault, um transdutor piezoelétrico e um sensor digital de temperatura PT-100 foram calibrados pela Apex Innovations e utilizados na instalação. Os seguintes parâmetros foram medidos com a configuração experimental do motor de ignição por compressão.

1. Potência de travagem (BP)

2. Consumo específico de combustível na travagem (BSFC)

3. Temperatura dos gases de escape

5. Temperatura da água de arrefecimento (entrada e saída)

6. Velocidade do motor

7. ₓAnálise dos gases de escape (NO , HC, CO).

Medições de potência

A potência de travagem é um dos parâmetros mais importantes no ensaio de motores. Para este estudo, foi utilizado um dinamómetro de correntes de Foucault SAJ AG 20. O consumo de combustível de um motor é medido através da determinação do tempo necessário para consumir um determinado volume de combustível utilizando uma bureta de vidro. A massa do combustível foi calculada multiplicando o consumo volumétrico de combustível pela sua densidade. Para uma medição volumétrica exacta do consumo de ar, foi utilizada uma caixa de ar com placa de orifício e manómetro e, finalmente, foi determinado o caudal mássico.

1.10.1   Pressão diferencial média do travão

O BMEP é um conceito importante para melhorar vários combustíveis. É a pressão média que o motor pode exercer sobre o pistão durante um ciclo de trabalho completo. É a pressão média do gás no cilindro do motor com base na potência pura. A BMEP é importante porque é independente da velocidade e do tamanho do motor.

1.10.2   Consumo de combustível específico dos travões

É definido como o caudal de combustível por unidade de potência. É uma medida da eficiência do motor na utilização do combustível fornecido para produzir trabalho. É desejável obter um valor BSFC mais baixo, o que significa que o motor utiliza menos combustível para produzir a mesma quantidade de trabalho. Este é um dos parâmetros mais importantes a comparar quando se testam diferentes combustíveis.

1.10.3   Eficiência térmica do travão

É a relação entre a potência térmica presente no combustível e a potência que o motor fornece à cambota. Depende em grande medida da forma como a energia é convertida, uma vez que o rendimento é normalizado em função do poder calorífico do combustível.

1.10.4   Temperatura dos gases de escape

Os gases de escape de um motor de combustão interna contêm uma entalpia significativa e podem conter produtos de combustão não queimados (hidrocarbonetos). Se a relação ar/combustível for elevada, é provável que a quantidade de produtos de combustão incompleta seja baixa; existe uma quantidade suficiente de oxigénio para completar a combustão. A temperatura dos gases de escape está relacionada com a determinação da eficiência do sistema.

xFoi agora efectuado um estudo comparativo das características de desempenho, como a potência de travagem (BP), o consumo específico de combustível na travagem (BSFC), a eficiência térmica (BTE) e as características de emissão, como o monóxido de carbono (CO), os óxidos de azoto (NO) e os hidrocarbonetos não queimados (HC) de diferentes misturas de biodiesel de resíduos de sementes de algodão com petrodiesel.

4.1 Parâmetros de desempenho

A nível mundial, o biodiesel é largamente produzido por esterificação metílica de óleos. A recuperação do éster e a sua viscosidade cinemática são influenciadas pelos parâmetros do processo de transesterificação, tais como a concentração do catalisador, a temperatura de reação e o tempo de reação. Os parâmetros acima referidos foram normalizados de modo a obter ésteres metílicos a partir de resíduos de óleo de semente de algodão com a menor viscosidade cinemática possível e o maior grau de recuperação possível. Foram comparados os parâmetros de desempenho do motor e as características das emissões de escape de B10, B15, B20 e gasóleo.

4.1.1 Potência de travagem (BP)

O gráfico da potência de travagem (BP) versus carga obtido durante o funcionamento do motor com diferentes misturas de biodiesel, ou seja, B10, B15 e B20 com gasóleo (petrodiesel) a uma taxa de compressão de 18:1 é apresentado na Figura 4.1.

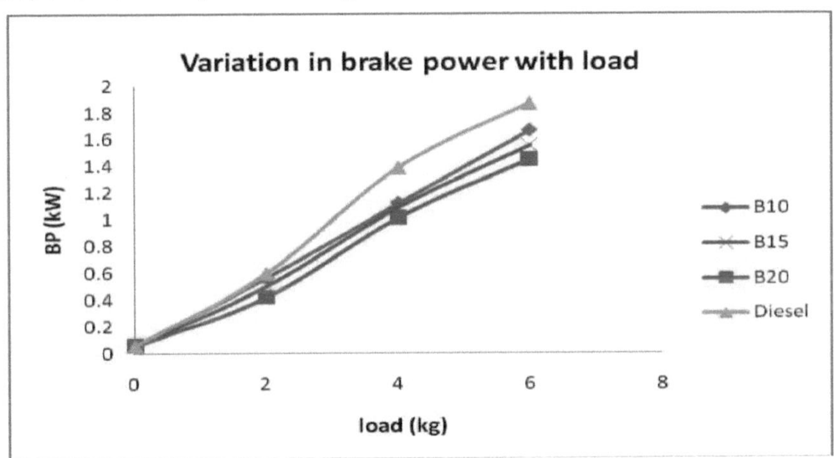

Fig. 4.1, Variação da potência de travagem com a variação de carga

A potência de travagem do motor aumenta à medida que a carga sobre o motor aumenta. A potência de travagem é uma função do poder calorífico e do binário aplicado. O gasóleo tem um poder calorífico mais elevado do que o biodiesel, razão pela qual o gasóleo tem a maior potência de travagem das várias misturas de biodiesel. Devido ao poder calorífico mais elevado da mistura de biodiesel B10 em comparação com B15 e B20, esta tem o poder de travagem mais elevado, como se mostra na Figura 4.1. Também se pode observar que o binário aumenta com o aumento da carga e, por conseguinte, a potência de travagem aumenta com a carga.

4.1.2 Consumo específico de combustível na travagem (BSFC)

A Figura 4.2 mostra o consumo específico de combustível no travão (bsfc) em função da carga, que foi determinado durante o funcionamento do motor com diferentes misturas de biodiesel, ou seja, B10, B15 e B20, com gasóleo (petrodiesel) a uma taxa de compressão de 18:1.

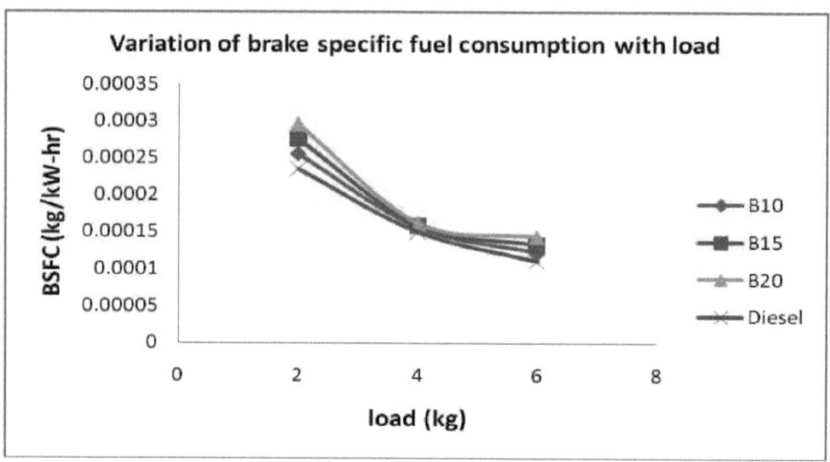

Fig. 4.2, Variação do consumo de combustível específico dos travões com a alteração da carga

Para todas as misturas ensaiadas e para o petrodiesel, o valor bsfc diminuiu com o aumento da carga. Uma explicação possível para esta diminuição é o aumento percentual mais elevado da potência de travagem com a carga, em comparação com o consumo de combustível. A Figura 4.2 mostra que os valores BSFC das misturas de biodiesel são superiores aos do gasóleo puro. Esta tendência deve-se ao facto de as misturas de biodiesel terem um poder calorífico inferior ao do gasóleo puro, pelo que são necessárias mais misturas de biodiesel para manter uma potência constante. Sabe-se que o consumo de combustível específico do travão é inversamente proporcional à eficiência térmica do travão. Por conseguinte, o gasóleo tem o menor consumo de combustível específico dos travões. Das três misturas diferentes de biodiesel, a B10 tem o valor mais baixo de consumo específico de combustível na travagem.

4.1.3 Eficiência térmica do travão (BTE)

A Figura 4.3 mostra a curva de eficiência térmica do travão em função da carga obtida durante o funcionamento do motor com diferentes misturas de biodiesel, ou seja, B10, B15 e B20, com gasóleo (petrodiesel) a uma taxa de compressão de 18:1.

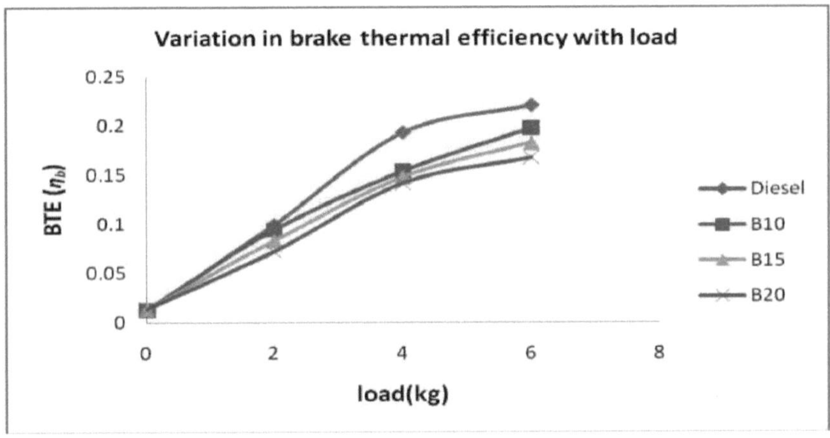

Fig. 4.3, Variação da eficiência térmica do travão com a alteração da carga

Em todos os casos, a eficiência térmica do travão aumenta com o aumento da carga. Este facto deve-se à redução das perdas de calor e ao aumento da potência à medida que a carga aumenta. Também se pode observar que o gasóleo tem uma eficiência térmica ligeiramente superior à do CSOME e das suas misturas na maioria das cargas. Factores como o menor poder calorífico e a maior viscosidade dos ésteres podem afetar o processo de formação da mistura e, assim, levar a uma combustão lenta, reduzindo a eficiência térmica do travão. As moléculas de biodiesel (ou seja, o éster metílico do óleo) contêm uma certa quantidade de oxigénio que participa no processo de combustão. Os resultados dos ensaios mostram que o oxigénio perde a sua influência positiva na eficiência da conversão de energia neste motor quando a percentagem de oxigénio no combustível excede um determinado limite. Por conseguinte, a eficiência térmica do gasóleo é mais elevada do que a das misturas de biodiesel.

Das três misturas diferentes de biodiesel, o B10 tem uma eficiência térmica mais elevada do que o B15 e o B20.

4.1.4 Temperatura dos gases de escape (EGT)

O gráfico da eficiência térmica do travão em função da carga obtida durante o funcionamento do motor com diferentes misturas de biodiesel, ou seja, B10, B15 e B20, com gasóleo (petrodiesel) a uma taxa de compressão de 18:1 é apresentado na Figura 4.4.

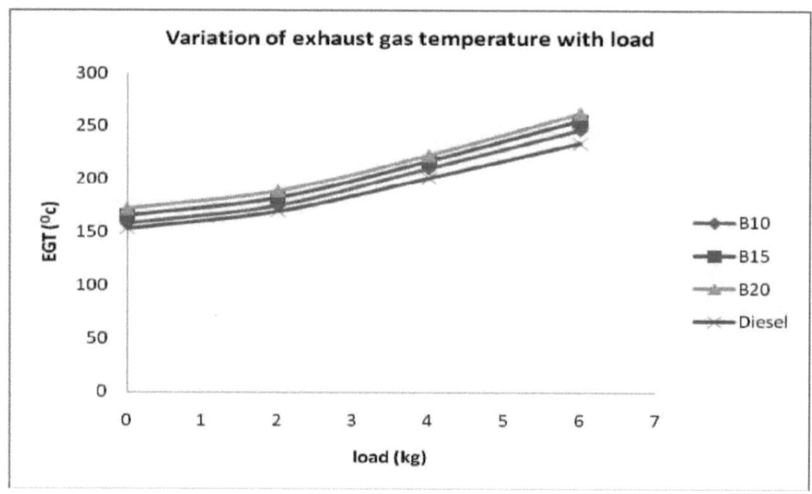

Fig. 4.4, Variação da temperatura dos gases de escape com alteração da carga

O biodiesel contém uma certa quantidade de moléculas de oxigénio sob a forma de ésteres. Este também participa no processo de combustão. Se a concentração de biodiesel for aumentada, a temperatura dos gases de escape aumenta ligeiramente. Quando se utilizam diferentes misturas de biodiesel a partir de ésteres metílicos de sementes de algodão, atinge-se uma temperatura mais elevada dos gases de escape a plena carga, o que, neste caso, indica uma maior perda de energia. A temperatura dos gases de escape aumenta com o aumento da carga. O gasóleo tem a temperatura dos gases de escape mais baixa com B10, B15, B20 e D. A razão para a temperatura mais elevada dos gases de escape no caso das misturas de biodiesel é a presença de mais átomos de oxigénio no biodiesel. Por conseguinte, a temperatura dos gases de escape aumenta com o aumento da carga. Quanto maior for a carga do motor, mais combustível é queimado. Por conseguinte, a temperatura dos gases de escape aumenta continuamente com o aumento da carga.

4.2 Características das emissões de gases de escape

4.2.1 Emissões de CO

A variação do teor de monóxido de carbono em função da carga para diferentes misturas de biodiesel é apresentada na Figura 4.5.

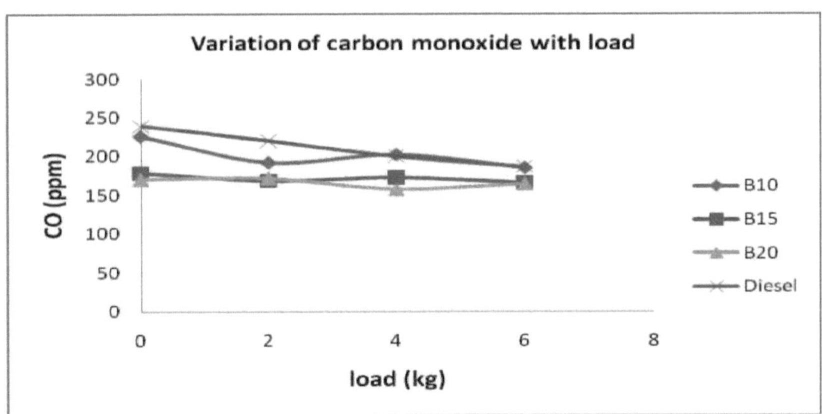

Fig. 4.5, Variação do teor de monóxido de carbono em função da exposição

O monóxido de carbono (CO) é produzido nas fases intermédias da combustão nos motores diesel. O motor diesel funciona bem no lado mais pobre da relação estequiométrica. A Figura 4.5 mostra as emissões de CO do gasóleo, do CSOME e das suas misturas. O monóxido de carbono diminui à medida que a proporção de CSOME no combustível aumenta. Devido ao teor de oxigénio no CSOME, para além do ar fornecido durante a indução, o CO é reduzido através da combinação de oxigénio com CO para formar CO_2. As emissões de CO das misturas B10 são mais elevadas do que as das misturas B15 e B20 porque a elevada viscosidade e a fraca tendência para a atomização conduzem a uma combustão deficiente e a emissões de monóxido de carbono mais elevadas. As emissões de monóxido de carbono aumentam quando a relação combustível/ar excede o valor estequiométrico. A concentração de monóxido de carbono nos gases de escape é negligenciável quando se queima uma mistura homogénea com uma relação ar/combustível estequiométrica ou com uma relação pobre estequiométrica. É interessante notar que, em todas as condições de carga, o motor emite mais monóxido de carbono quando alimentado com gasóleo do que quando alimentado com misturas de biodiesel. medida que a proporção de biodiesel aumenta, as emissões de monóxido de carbono diminuem. O próprio biodiesel tem um teor de oxigénio de cerca de 11%.

Este facto contribui para a combustão completa. Por conseguinte, as emissões de monóxido de carbono diminuem à medida que aumenta a proporção de biodiesel no combustível.

4.2.2 Hidrocarbonetos não queimados (HC)

A variação do hidrocarboneto não queimado em função da carga para diferentes misturas de biodiesel é apresentada na Figura 4.6.

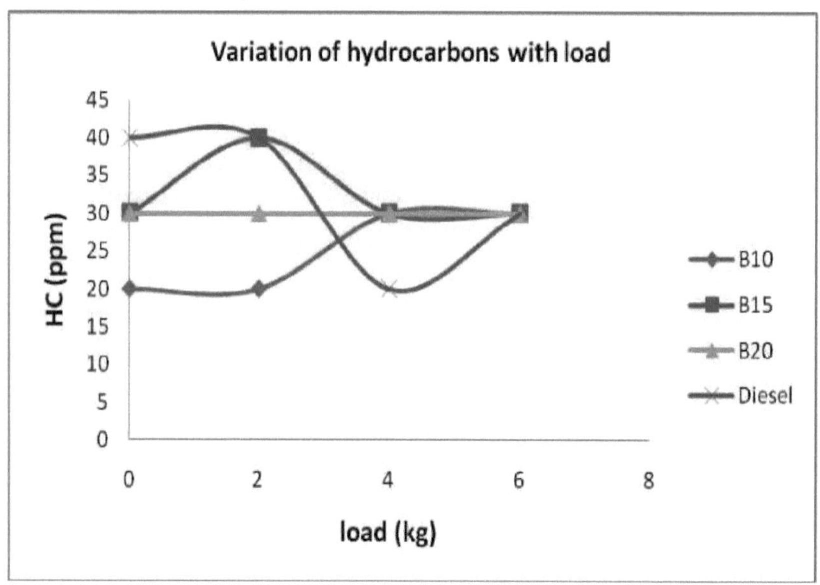

Fig. 4.6, Variação dos hidrocarbonetos não queimados em função da carga

As emissões de hidrocarbonetos diminuem à medida que a proporção de CSOME no combustível aumenta. Observa-se que as emissões de HC aumentam acentuadamente após uma carga de 25% para a mistura B10, que tem as emissões de hidrocarbonetos mais baixas a uma carga inferior a 25%. Verifica-se que as emissões de HC do combustível para motores diesel também diminuem acentuadamente a uma carga de 25%, mas aumentam acentuadamente para o combustível para motores diesel após uma carga de 75%. Este facto deve-se à presença de uma mistura rica em combustível a cargas mais elevadas. O maior teor de oxigénio e a maior temperatura de combustão do CSOME e das suas misturas promovem a oxidação dos UBHC, resultando em menores emissões de HC em comparação com o gasóleo. Este desvio inesperado pode ser devido a erros experimentais.

4.2.3 Óxidos de azoto (NO)$_x$

A variação do teor de monóxido de carbono em função da carga para diferentes misturas de biodiesel é apresentada na Figura 4.7.

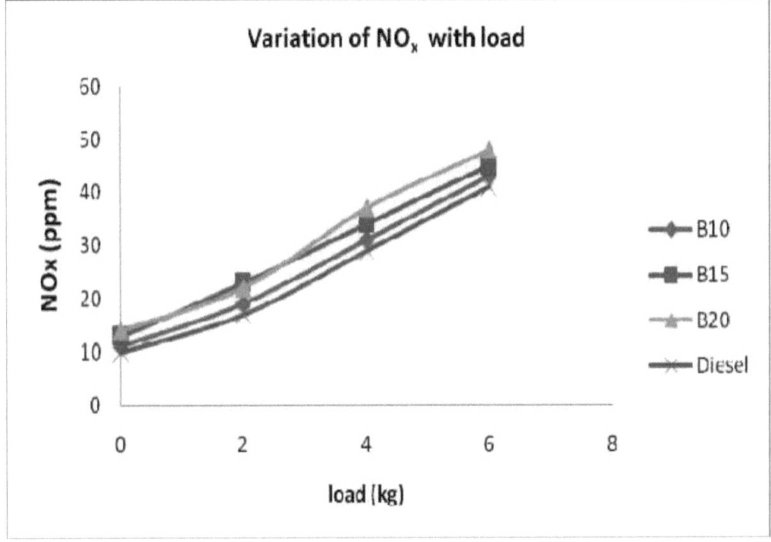

$_x$Fig. 4.7, Variação de NO em função da carga

$_x$As misturas CSOME apresentaram propriedades de NO ligeiramente superiores às do gasóleo na maioria das cargas. $_x$Observou-se que as emissões de NO aumentam com o aumento da carga. Sendo um combustível oxigenado, o CSOME e as suas misturas fornecem oxigénio para além do ar introduzido na câmara de combustão. $_x$Este facto pode levar a emissões de NO mais elevadas. A formação de NOX é um fenómeno dependente da temperatura. Aumenta com o aumento da temperatura de entrada do combustível. Aumenta porque está relacionada com o teor de oxigénio do respetivo éster, uma vez que o oxigénio presente no combustível pode fornecer oxigénio adicional para a formação de NOX. É possível que o aumento da temperatura de combustão se deva a uma melhor combustão. Deve notar-se que uma maior proporção da combustão em ésteres e misturas de ésteres é concluída antes do ponto morto superior em comparação com o combustível para motores diesel devido ao menor atraso na ignição. Contudo, as emissões de NOX podem ser controladas por EGR e pela utilização de catalisadores adequados. Uma temperatura reduzida do oxigénio e da chama conduz a uma menor formação de NOX.

5.1.   Conclusões

Foram efectuados estudos gerais sobre a produção, a caraterização do combustível, o desempenho do motor e as emissões de escape de diferentes misturas de biodiesel a partir de ésteres metílicos de óleo de algodão. Podem ser tiradas as seguintes conclusões:

- A produção de ésteres por transesterificação de resíduos de óleo de semente de algodão com metanol é influenciada por parâmetros do processo, como a concentração do catalisador e a temperatura da reação.

- ^{0}A viscosidade cinemática do gasóleo e do biodiesel de resíduos de sementes de algodão foi determinada como sendo de 2,049 e 3,6 centistokes a 40 C, respetivamente. Os resultados mostraram que o biodiesel de resíduos de sementes de algodão tinha uma viscosidade cinemática 75,69 por cento mais elevada do que o gasóleo.

- O poder calorífico do gasóleo é de 42000 KJ/kg e o do óleo residual de sementes de algodão é de 40000 KJ/kg. O poder calorífico do biodiesel de resíduos de sementes de algodão é, por conseguinte, 4,76% inferior ao do gasóleo mineral.

- Verificou-se que o biodiesel de resíduos de sementes de algodão tem um ponto de inflamação mais elevado do que o gasóleo mineral.

- Verificou-se que o biodiesel de resíduos de sementes de algodão tem um teor de resíduos de carbono inferior ao do gasóleo, o que tem um efeito positivo no desempenho do motor e também evita a acumulação de carbono na câmara de combustão. O teor de resíduos de carbono do biodiesel de resíduos de sementes de algodão foi determinado como sendo de 0,0138 %.

- O biodiesel produzido a partir de resíduos de sementes de algodão não é tóxico, é biodegradável, é amigo do ambiente, é um combustível renovável e não contribui para o aquecimento global.

- Os resultados gráficos mostram que o gasóleo tem melhores características de desempenho do que o biodiesel e as misturas de biodiesel. Das três misturas diferentes de biodiesel, a B10 tem melhores características de desempenho do que as misturas de biodiesel B15 e B20 quando introduzidas num motor de combustão interna.

- Os resultados gráficos também mostram que as emissões como o monóxido de carbono (CO) e os hidrocarbonetos (HC) são inferiores com biodiesel do que com um motor a gasóleo puro.

- $_{xx}$Contudo, observa-se um aumento das emissões de NO num motor alimentado com biodiesel e misturas de biodiesel em comparação com um motor alimentado com gasóleo puro, tendo a mistura de biodiesel B10 as emissões de NO mais baixas entre B15 e B20.

5.2.   Âmbito do trabalho futuro

O biodiesel tem uma clara vantagem como combustível para veículos a motor. O custo inicial pode ser mais elevado, mas a diversidade de matérias-primas e as tecnologias de produção de múltiplos produtos desempenharão um papel fundamental na redução dos custos de produção e na viabilização económica do combustível.

Antes de introduzir o combustível na Índia, devem ser tidos em conta os seguintes pontos:

- O biodiesel pode ser importado como extensor de combustível para motores diesel ou como mistura (B10, B15, B20) e não como único combustível para motores diesel (B100).

- Antes da introdução do combustível, devem ser tomadas medidas adequadas de planeamento, racionalização, controlo da qualidade, logística e institucionais.

- O governo poderia considerar a possibilidade de apoiar actividades relacionadas com a recolha de sementes, a extração de óleo de fontes não comestíveis, a produção de biocombustíveis e a sua utilização para um ambiente mais limpo.

- Deve ser criado um quadro jurídico para fazer cumprir os regulamentos relativos aos biocombustíveis.

- As misturas produzidas para este projeto foram utilizadas num curto período de tempo. A estabilidade a longo prazo das misturas não foi, por conseguinte, analisada. Por conseguinte, ainda há margem para investigar a estabilidade a longo prazo das misturas.

- Nos ensaios de longa duração e de resistência, a durabilidade do motor é avaliada durante o funcionamento prolongado com estas misturas.

- A educação energética sobre o programa de biodiesel e o armazenamento de informações e bases de dados para uma maior divulgação de informações ao público em geral devem ser abordados em maior escala.

- Podem também ser efectuados outros estudos sobre a compatibilidade dos materiais, o armazenamento e a utilização de subprodutos do biodiesel.

REFERÊNCIAS

1) Knothe, Van Gerpen e Krahl, Michael J. Haas e Thomas A. Foglia, "The Biodiesel Handbook", 2005.

2) Md. Nurun Nabi, Md. Mustafizur Rahman, Md. Shamim Akhter, "Biodiesel from cottonseed oil and its effect on engine performance and exhaust emissions", *Applied Thermal Engineering 29 (2009)* 2265-2270.

3) Christos E. Papadopoulos, Anastasia Lazaridou, Asimina Koutsoumba, Nikolaos Kokkinos, Achilleas Christoforidis, Nikolaos Nikolaou, "Otimização da qualidade do biodiesel de sementes de algodão (propriedades críticas) através da modificação da sua composição FAME por hidrogenação homogénea altamente selectiva", *Bioresource Technology*, 101 (2010) 1812-1819.

4) Y. Zhang, M.A. Dube, D.D. McLean, M. Kates, "Biodiesel production from waste cooking oil, Process design and technological assessment", *Bioresource Technology*, 89 (2003) 1-16.

5) Ayhan Demirbas, "The Progress and recent trends in biodiesel fuels", *Energy Conversion and Management*, 50 (2009) 14-34.

6) M.E. Borgesa, L. Diaza, M.C. Alvarez-Galvanb, A. Brito, "Catalisador heterogéneo de alto desempenho para a produção de biodiesel a partir de óleo vegetal e residual a baixa temperatura", *Applied Catalysis B: Environmental*, 102 (2011) 310-315.

7) Ayhan Demirbas, "Importance of biodiesel as a transport fuel", *Energy Policy*, 35 (2007) 4661-4670.

8) S.S. Ragit, S.K. Mohapatra, K. Kundu, Prashant Gill, "Otimização do éster metílico de neem do processo de transesterificação e caraterização do combustível como substituto do gasóleo", *Biomassa e Bioenergia*, 35 (2011) 1138-1144.

9) A.P. Sathiyagnanam, and C.G. Saravanan, "Experimental Studies on the Combustion Characteristics and Performance of A Direct Injection Engine Fueled with Biodiesel/Diesel Blends", vol III,2011.

10) A. Siva Kumar, D. Maheswar, K. Vijaya Kumar Reddy, "Comparison of diesel engine performance and emissions of neat and transesterified cottonseed oil", *Jordan Journal of Mechanical and Industrial Engineering*, Volume 3, Número 3, setembro de 2009 ISSN 1995-6665;pp. 190 - 197.

11) L.Ranganathan, G.Lakshmi Narayana Rao, S.Sampath, "Experimental Investigation of a Diesel Engine Fuelled With Optimum Biodiesel Produced From Cotton Seed Oil"

European Journal of Scientific Research, Vol.62(2011), pp. 101-115.

12) Satishchandra Shamrao Ragit, "Normalização do processo, caraterização e investigação experimental do desempenho de motores C.I. alimentados a biodiesel", PhD. Tese, Departamento de Engenharia Mecânica, Universidade Thapar, Patiala.

13) R.Anand, G.R.Kannan, K.Rajasekhar Reddy e S.Velmathi, "The performance and emissions of a variable compression ratio diesel engine fuelled with biodiesel from cottonseed oil", Vol. 4, n.º 9, novembro de 2009, *ARPN Journal of Engineering and Applied Sciences*, pp. 72-87.

14) M. L. Karont e A. M. Altschul, "Effect of moisture and of treatments with acid and alkali on rate of formation of free fatty acids in stored cottonseed", com sete ilustrações.

15) V.Sitaram Prasad, S.K.Mohapatra, J.K.Sharma, P.L.Bali, "Performance and Evaluation of a Diesel Engine Fuelled with Filtered Pongamia oil and its Standardisation Characteristics", pp. 65-74, *SGI Reflections*, julho de 2011.

16) K. Anbumani e Ajit Pal Singh, "Performance of Mustard and Neem oil Blends with Diesel Fuel in C.I.Engine", vol.5, n.º 4, abril de 2010, *ARPN Journal of Engineering and Applied Sciences*, pp. 14-20.

17) SS Ragit, S.K.Mohapatra, K.Kundu, "Comparative study of engine performance and exhaust emission characteristics of a single cylinder 4-stroke CI ingine operated on the esters of hemp oil and neem oil", *Indian Journal of Engineering & Material Sciences*, Vol.18, June 2011, pp. 204-210.

18) David M. Fernandes, Dalyelli S. Serqueira, Flaysner M. Portela, Rosana M.N.Assuncao, Rodrigo A.A.Munoz, Manuel G.H.Terrones, "Preparação e caraterização de biodiesel metílico e etílico a partir de óleo de algodão e efeito do terc-butil-hidroquinano na sua estabilidade oxidativa", *Fuel*, 97 (2012) 658-661.

19) D. Royon, M. Daz, G. Ellenrieder, S. Locatelli, "Enzymatic production of biodiesel from cotton seed oil using *t-butanol* as a solvent", *Bioresource Technology*, 98 (2007) 648-653.

20) Especificações para as misturas B6 - B20, www.astm.org.

Índice

Printed by Books on Demand GmbH, Norderstedt / Germany